玩的就是操纵术

田由申·编著

中国商业出版社

图书在版编目（CIP）数据

玩的就是操纵术/田由申编著．—北京：中国商业出版社，2011.5（2021.7 重印）

ISBN 978－7－5044－7243－4

Ⅰ.①玩… Ⅱ.①田… Ⅲ.①成功心理—通俗读物
Ⅳ.①B848.4－49

中国版本图书馆 CIP 数据核字（2011）第 057809 号

责任编辑：郭　强

中国商业出版社出版发行
010－63180647　www.c－cbook.com
（100053　北京广安门内报国寺 1 号）
新华书店经销
三河市华晨印务有限公司印刷

*

710 毫米×1000 毫米　16 开　16 印张　275 千字
2011 年 5 月第 1 版　　2021 年 7 月第 2 次印刷
定价：39.80 元

*　*　*　*

（如有印装质量问题可更换）

前　言

操纵别人并不被人称道，甚至被看作是一种不道德的行为。但在当今社会中，操纵术的运用又无处不在，甚至成了现代生活的一部分。它渗透到工作、社会关系、家庭关系、夫妻生活、销售、管理、政治、交流等各个方面，几乎所有人一直都处在操纵与被操纵之中。由此可见，人生玩的就是操纵术。

操纵术之一：厚黑操纵术——厚黑做人，精明做事

人生就是战场，处世就是战斗，战斗必有操纵。可以说，每个人每时每刻都站在自己的战斗序列中，每一件事都处在明争暗斗之中，稍一疏忽便会被人挤倒。在这种险恶的竞争环境中，只有正确理解厚黑操纵术的真正含义，才可以发挥操纵的威力，使自己具备一种高明的操纵智慧。

操纵术之二：心理操纵术——运用心理知识，开启幸福生活之门

人心难测？其实，只是因为你不懂得操纵人心的方法。忧郁烦恼？其实，只是因为你还没有掌握调整心理的技巧。世界上所有的人都有可能陷入操纵关系中。操纵者借助各种情绪、言行和心理游戏控制对方，从而在操纵关系中摆脱被动局面、占据主导地位，从心理层面影响与控制他人。

操纵术之三：职场操纵术——规避职场风险，聚集最高人气

职场看似风平浪静，其实暗涌潜流，稍有不慎，就会掉入职场竞争对手设下的陷阱。因此，要想在职场中立足，必须懂得职场操纵术。所谓“事事洞明皆学问，人情练达即文章”，只有领悟透了职场的操纵规则，才能步步高升、薪水不断，从而决胜职场。

操纵术之四：幸福操纵术——经营爱，做爱情的操盘手

《围城》中说：“婚姻是一座围城，城里的人想出来，城外的人想进去。”但对于身处围城中的人们来说，至关重要的不是进进出出的问题，而是如何

经营好“围城”里的生活。所以，婚恋中的人了解围城中男女的彼此心态，学会操纵幸福的手段，这对建设和美化“围城”生活无疑是有帮助的。

操纵术之五：社交操纵术——操纵他人心理，实现交际制胜

人的一生中，有很大一部分时间是在参与社交活动。如果你希望改变自己的不良心情或不利处境，如果你想知道那些成功者是如何运用他人的能力，如何在瞬间与陌生人变成朋友，如何毫不费力地把事情办好，那么你就要练就社交操纵术，读懂人心，掌控人际交往主动权，成为交际中的王者。

操纵术之六：话语操纵术——洞察人性弱点，掌控谈话对象

为什么有的人一开口就能抓住对方的注意力，在谈话过程中巧妙引导对方心理，悄无声息地突破对方心理防线，而有的人却只能眼睁睁地看着自己面前的人茫然地随声附和，敷衍地点头，眼神一片空洞，思绪不知所终……原因就是懂不懂话语操纵术。若你能熟练掌握并且有效运用话语操纵术，那么你就能够以好口才打动人心，凭好策略成为办事高手。俗语说：“一句话能让人笑个不停，一句话也能让人火冒三丈。”这就是话语操纵术的高妙之处。是让人“笑个不停”“火冒三丈”还是“点头称是”，那就全看你的操纵策略了。

操纵术之七：人心操纵术——看入人里，看出人外

人生在世，当有慧眼：看透敌人的内心，不当东郭先生；看透小人的险恶，不与其为伍；看透骗子的谎言，不上当受骗；看透别有用心者的挑拨离间，不被人当枪使……一个什么都看不透的人是糊涂虫。而那些精明到了骨子里的人，能读懂他人内心的微妙想法，并对之做出精确判断，从而确定自己的角色，说什么样的话，做什么样的事，有效利用他人心理，迅速掌控他人，进而，使自己战胜对手，成为操纵人心的赢家。

操纵术之八：销售操纵术——明晰顾客心理活动，引导顾客轻松成交

“成功的销售员一定是一个伟大的心理学家。”这是因为，销售的结果其实就是销售员与客户心灵碰撞与交锋的结果。客户购买的不仅仅是产品，更是你的人和你的心！销售操控的目的就是摸透客户的心理，赢得客户的信任，打开客户的心扉，激发客户的购买欲望。可以说，销售就是一场操纵术。谁能掌控客户的内心，谁就能成为销售的最终赢家！

所以，轻松玩转操纵术，让他人听从你的建议，甚至积极为你效力，这是每一个人都需要掌握的技巧！

而《玩的就是操纵术》就是这样一本给人提供操纵技巧的书。不管是要拿下你的客户，要说服你的上司，征服你的下属，还是要说服你的家人或朋友，赢得心上人的爱……《玩的就是操纵术》一书中的操纵技巧都可以让你不露痕迹地玩转他人，让他人按照你的意愿办事，瞬间搞定所有难题，轻松达到你的目的！

人生之旅，暗流汹涌，变幻莫测；命运之途，荆棘丛生，陷阱密布。在这一过程中，不仅需要勇敢、坚强，更需要手段、技巧和高明的操纵方略。做人要懂"操纵术"，是让你在为人处世的过程中，讲究方法，讲究策略，讲究变通之道，以便建立良好的人际关系，灵活机智地应对人情世故，游刃有余地到达成功的彼岸。做事要懂"操纵术"，是要你在成大事的过程中，学会掌控人心之道，把成事的方法和技巧运用得淋漓尽致，达到卓越超群的境界。

玩转操纵术，成为社交大赢家！

目　录

第一篇

厚黑操纵术：厚黑做人，精明做事

人生就是战场，处世就是战斗，战斗必有操纵。可以说，每个人每时每刻都站在自己的战斗序列中，每一件事都处在明争暗斗之中，稍一疏忽便会被人挤倒。在这种竞争环境中，只有正确理解厚黑操纵术的真正含义，才可以发挥操纵的威力，使自己具备一种高明的操纵智慧。

戴上面具，伪变行事

如果你把你所有的想法和心思都暴露出来，在别人看来你不过是个透明人，那么你就是个傻瓜。如果你想操纵别人，就要懂得先掩藏自己，尤其是那些容易触犯众怒的地方。

李宗吾在《厚黑丛话》中说：“我把厚黑学讲完了，特别告诉读者一个秘诀，大凡行使厚黑之时，表面上，一定要糊一层仁义道德，不能把它赤裸裸地表现出来，王莽之失败，就由于后来把它显露出来的缘故。如果终生不露，恐怕至今孔庙中还会有一个‘先儒王莽之位’大吃冷猪肉。韩非《说难篇》有曰：‘阴称其言而显弃其身。’这个法子，诸君不可不知。假如有人问你：‘认得李宗吾否？’你须放出最庄严的面孔说道：‘这个人坏极了，他是讲厚黑学的，我认他不得。’口虽如此说，而心中则恭恭敬敬地供一个‘大成至圣先师李宗吾之位’。果能这样做，包管你生前的事业惊天动地，死后还要在孔庙中吃冷猪肉。所以，我每听见有人骂我，‘李宗吾坏极了’，就非常高兴地说道：‘吾道大行矣！’还有一层，我说：‘厚黑上面，要糊一层仁义道德。’这是指遇着道学先生而言。假如遇着讲性学的朋友，你也同他讲仁义道德，岂非自讨没趣？这个时候，应当糊上‘恋爱神圣’四字。总之，厚黑二字是万变不离其宗，至于表面上到底该糊什么，则须因时因地，神而明之。”

这段话要告诉我们的是：现代人的一大特色就是虚伪与口是心非，尽管对《厚黑学》爱之入骨，表面上也往往称对之咬牙切齿，为了讨好道学先生也。由此可见，做人一定要戴上面具，适当掩盖自己。此面具的功用，好比机械运转所需要的润滑油，可以使机器运转得更加顺畅。至于什么场合应该戴什么面具，就像戏台上唱什么角色该穿什么戏服一样，是不可能一成不变的。

袁世凯的妻妾中有一位叫红红的女子，因为年轻，耐不住寂寞，与家仆经常暗相往来。与她比较好的家仆有两个，一个叫张健，另一个叫李雄。两人之间也经常互相吃醋，但由于两人都不名正言顺，就只好苟且忍耐。

袁世凯对此事也早有知晓，自有人向他报告家中琐事，包括此类红杏出墙的事情。如果要处置这三人，也不是什么难事。只是事情一旦传出去，他的脸上必定不好看。但是，袁世凯并不是一个大度到可以容忍自己的妾与别人私通程度的人。他之所以一直没有发作，而是在等待一个更好的时机。

有一天，张健与红红正在一起调情时，正好被袁世凯碰见，气氛立刻紧张起来。张健与红红都跪在袁世凯的面前，请求原谅。袁世凯故意沉默了好一阵子，然后对他们说："你们走吧，走得远远的，去过你们的幸福日子吧，不必再跟着我这么偷偷摸摸了。"

张健与红红见袁世凯说得非常诚恳，便真的收拾东西，告别了袁世凯，准备远走高飞了。

可是，就在张健与红红刚走不久时，袁世凯便立即命自己的一个心腹去找李雄，告诉李雄说张健与红红携金银逃走，并进一步挑衅李雄说："这两个人太不地道，主公也特别生气。你不如前去把他们都杀死，然后向主公报功，也算帮主公除了两害。这样做，你定能获得重赏，并且你与红红私通的事，也就死无对证了。"

李雄在这位袁世凯心腹的说服下，果真提着刀追上去，将两人杀死在路上。当李雄提着两人头来见袁世凯时，袁世凯却摆出一副非常吃惊的样子，说道："红红今天去庙里烧香，是我让张健陪她去的，你怎么无故将他们都杀害了呢？按照律例，杀人者要偿命！"于是，袁世凯叫人将李雄拿下问斩。

就这样，袁世凯不费力气就将几个碍眼的人除掉了，而且还不给人任何口舌之事，既保全了自己的名声，又办成了事。

由此可见，袁世凯是戴着面具向别人说话的高手，掩饰了自己，却办成了事，别人还看不见。这是一种神功。人行世天下，全在一副"面具"。"面具"是什么？

实际上，面具是一种特殊的关系学。人活得艰难，因为有时不得不违心而行，不得不装腔作势。你明白吗，人有时比鬼还可怕。一个人善戴面具，用面具来装扮自己的一言一行，是一种人生智慧，也是一种生存技巧。这能使人左右逢源，信手拈来。如果能使自己的人生开了花、结了果，更称得上是一位装扮自己人生的高手。其实，人生本来就是化装舞会，你真我假，你实我虚，你追我躲，个中原因是因为大家都怕看清对方的心理活动。

总之，面具的总特色是两个绝妙的字：一个是写在左脸上的"伪"字；一个是写在右脸上的"变"字。伪中有变，变中有伪，真伪结合，变化多端。

一句话，一个人活在世上不能固守死法，必须像流水一样能变换方式向前运动，否则就会自己把自己的去路堵死。所谓“行云流水”，除了讲一种飘逸之外，也突出了一个“伪”与“变”字。一个人懂得“伪”与“变”，一则他具备应变之智，在变乱横生、波折频出的千钧系于一发之际，能灵机一动、机巧百变。行动无一不合节合拍，恰到好处，宛如庖丁解牛，顺势自然，游刃于变乱旋涡之中。二则，他更兼变通之谋，于乱世中不但能察变、知变，更是善谋变、求变、用变，以积极、主动的态势来说话办事，为人处世。不拘泥于陈规旧矩，不迂腐于书山学海，而变则通、变则活、变则灵，巧握“变通”这柄利刃，而纵横于天地之间。此为戴面具的最佳效应。

生活的奇妙就在于看破尘世、看破关系、看破脸色后的巧妙变化，一个变术则有曲径通幽、柳暗花明的美好效果。

厚黑的至高境界

李宗吾说，厚黑学共分三步功夫。

第一步是“厚如城墙，黑如煤炭”。起初的脸皮，好像一张纸，由分而寸，由尺而丈，就厚如城墙了。最初心的颜色，作乳白状，由乳色而炭色，而青蓝色，再进而就黑如煤炭了。到了这个境界，只能算初步功夫。因为城墙虽厚，轰以大炮，还是有攻破的可能；煤炭虽黑，但颜色讨厌，众人都不愿挨近它。所以，只算是初步的功夫。

第二步是“厚而硬，黑而亮”。深于厚学的人，任你如何攻打，他一点不动，刘备就是这类人，连曹操都拿他没办法。深于黑学的人，如退光漆招牌，越是黑，买主越多。曹操就是这类人，他是著名的黑心子，然而中原名流，倾心归服，真可谓“心子漆黑，招牌透亮”。能够到第二步，固然同第一步有天渊之别，但还露了迹象，有形有色。所以，曹操的本事，我们一眼就看出来了。

第三步是“厚而无形，黑而无色”。至厚至黑，天上后世，皆以为不厚不黑，这个境界，很不容易达到，只好在古之大圣大贤中去寻求。有人问：“这种学问，哪有这样精深?”我说：“儒家的中庸，要讲到‘无声无臭’方能终止；学佛的人，要讲到‘菩提无树，明镜非台’，才算正果；何况厚黑学是千古不传之秘，当然要做到‘无形无色’，才算止境。”东汉开国皇帝刘秀，在这方面算得上是一个佼佼者。

东汉光武帝刘秀是汉高祖刘邦的九世孙。很小的时候，他就心思细密，与人交往，不计小怨，喜怒不形于色。他青年时期，王莽的新政不得人心，加上天灾人祸，各地的农民纷纷起义，其中绿林、赤眉两军声势浩大。刘秀也参与到了推翻王莽政权的队伍中。

绿林军为了号召天下，立刘秀的族兄刘玄为帝，发展迅速。可是，在昆阳之战后，义军内部发生政权分裂，刘秀的哥哥在政治斗争中被杀。

刘秀当时听到哥哥被杀，十分悲痛。但是，他马上来到宛城，见到当时的皇帝刘玄。他并不讲哥哥如何冤枉，而只讲自己的过失。回到自己的家后，也不戴孝，绝口不提哥哥被杀的事情，好像他哥哥根本没死一样。刘玄见他如此，反而惭愧，给刘秀加封了官，还赐予了很多好处。

其实，刘秀心里非常在意哥哥无辜被杀，以致多年以后还难以忘怀，提起这事就泪流满面。但在当时，他无力与他的仇人集团相抗衡，所以只能隐忍不发，暗暗积蓄实力。

后来，刘秀建立东汉政权，也没有大肆报仇，反而实行轻法缓刑、重赏轻罚的政策。在中国历史中，往往帝王即位第一件事就是排斥功臣，恐怕其功高盖主，所以“飞鸟尽，良弓藏；狡兔死，走狗烹；敌国灭，谋臣亡”的情况时有发生。但东汉的开国功臣却大多得以善终。

刘秀以仁义兴国，跟着这样的领导，好像下属很占便宜。其实，最占便宜的还是刘秀本人。他绝对是厚黑高手，已经达到“厚而无形，黑而透明”的境界。

在生活中，我们会遇到形形色色之人，无论是对朋友同事，还是对领导上司，一个灿烂光辉的形象必不可少，这就需要外表要“厚”，做到八面玲珑，如此，则人缘甚好、仕途坦荡。遇事当处乱不惊，无故加之而不怒，不因小事乱了大阵脚，他人诋毁，心中隐忍，能容万物。为领导上级做事，即便心中不愿也要硬着头皮，对工作要高度负责，这则是心理素质要“厚”。

做事应当机立断，该舍则舍，切忌妇人之仁。金钱充斥于每个角落，人情便不值一文。如今，有相当一部分人持此态度。故人在处世时，当慎之又慎，处处先从个人出发。如此，方有能力为公为他人。经营生意，利润最大化乃是目标，面对同行竞争，不可有一丝一毫的大意。正所谓无奸不商，“奸”亦是“巧”，聚财之手段高明，便是成功。操持权力，对下当严厉从事，摆出一副铁面无私之态，事态有急，当不惜一切手段以求自保，他人之境遇，则与己无关，此所谓用心要“黑”。

当今社会，那些黑社会打手、贪官污吏等，他们都在终日修炼“厚黑经”，但所成就的程度是有区别的。“脸皮厚如城墙，心子黑如煤炭”者有之，如黑社会打手，地痞流氓，基层贪官污吏。他们的恶行，人民群众一眼就能看出，因为他们只达到“厚黑经”第一步功夫而已。“厚黑经”修炼到第三步功夫，那就是达到“厚而无形，黑而无色”的境地，“至厚至黑，天下后世皆以为不厚不黑，此种人只好于古之大圣大贤中求之”。这些“厚而无形，黑而无色”的“至厚至黑”人物已经达到了厚黑学所追求之最高境界，而这也正是操纵术中的至上层次，值得每个人学习拜读。

人际交往中，要善于把自己的所思所想隐藏起来，不轻易让别人察觉，以免被人牵着鼻子走。

面厚心黑，假装糊涂

在许多情况下，有时最高智慧在于显得一无所知。你不必是白痴，只是假装如此。智慧对愚人并不要紧，疯人根本不注重理智。所以，用你自己的语言与每一个人说话。貌似愚人者并非愚人，愚者本身才是愚人。只要你懂得装蠢，你就并不愚蠢。要想受到别人的敬重，就要学会掩藏你的聪明，这样才能操纵他人。

正如机器运转需要添加润滑剂一样，搞好人际关系有时也需要润滑剂。当人与人之间的关系陷入僵局时，《厚黑学》认为："糊涂"就是一种极好的润滑剂。提到"糊涂"，人们自然会想起郑板桥的那句名言："聪明难，糊涂难，由聪明而转入糊涂更难。"

李宗吾在《厚黑学》中说："世间学说，每每误人，惟有厚黑学绝不会误人。"就是走到了山穷水尽，当乞丐的时候，讨口，也比别人多讨点饭。

按照李宗吾的说法，在为人处世中，时时处处都需要用厚脸装糊涂，甚至当身处险地时，"糊涂"还是"精明"，很可能成为事关身家性命的关键因素！

齐国一位名叫陈斯弥的官员，其住宅正巧和齐国权贵田常的官邸相邻。田常为人深具野心，后来欺君叛国，挟持君王，自任宰相执掌大权。陈斯弥虽然怀疑田常居心叵测，不过依然保持常态，丝毫不露声色。

一天，陈斯弥前往田常府邸进行礼节性的拜访，以表示敬意。田常依照常礼接待他之后，破例带他到邸中的高楼上观赏风光。陈斯弥站在高楼上四面瞧望，东、西、北三面的景致都能够一览无余，唯独南面视线被陈斯弥院中的大树所阻碍。于是，陈斯弥明白了田常带他上高楼的用意。

陈斯弥回到家中，立刻命人砍掉那棵阻碍视线的大树。

正当工人开始砍伐大树的时候，陈斯弥突然又命令工人立刻停止砍树，家人感觉奇怪，于是请问究竟。陈斯弥回答道："俗话说'知渊中鱼者不祥'，意思就是能看透别人的心理秘密，并不是好事。现在田常正在图谋大事，就怕别人看穿他的意图。如果我按照田常的暗示，砍掉那棵树，只会让田常感觉我机智过人，对我自身的安危有害而无益。不砍树的话，他顶多对我有些埋怨，嫌我不能善解人意，但还不致招来杀身大祸，所以，我还是装着不明不白，以求保全性命。”

当一个人看透对方心意后，要决定采取何种行动，是相当困难的，其困难的程度或许更甚于透视对方心意。所以，做人的手段当以明白自己该怎么做为第一大要。否则，就会糊涂行事，不但办不成事，而且还会增添更多的麻烦。按照成功学的原理，为人处世必须牢记“明白”二字，才能明察秋毫，判断是非。否则，眼前就会被“迷雾”笼罩。

社会中，人形形色色。有的人外表看似顽固，而内心却很豁达；有的人外表看似愚蠢，而内心却是才高八斗；有的人外表看似威风，而内心却是底气不足。

世事风云变幻莫测，该聪明时得聪明，该糊涂时得糊涂。该聪明时犯糊涂，就会失去机遇；该糊涂时却聪明，就会引火烧身。做人者，聪明不如糊涂，守拙若愚，看似很木很讷，实则胜过所有的聪明之举。

然而，让精明的人糊涂，可不是一件容易的事情。除非他经历了很多人和事，受过很多的挫折和磨难，否则他是不会糊涂的。郑板桥不是已经说过了吗？聪明难，糊涂难，由聪明而转入糊涂更难。也只有进到这一境界，才能明白人生是怎么一回事。

人生是个万花筒，人们在变幻之中要用足够的聪明智慧来权衡利弊，以防莫测。知者动，仁者静。动为聪明后的行为，静为糊涂时的沉着。所以，人有时候不如以静观动，守拙若愚。这种做人的手段其实比聪明还要胜出一筹。

人心糊涂，然而却能聪明地看待事情，那主要是因为本性自省。人心聪明，却终有算计之失，那是因为无德以应天道，故不会长久。

金钱至上，把利益放在第一位

厚黑经商必须做到头脑灵活，反应快速。只有这样，才能做到厚而无形，黑而无色的境界。商场是一个斗智最激烈的地方，仅有头脑而不懂厚黑，终究难逃丧命于虎口的厄运。

一个犹太富翁病入膏肓，死期将近。但是，儿子尤第雅却在千里之外，身边只有一个奴仆照顾。为了防止奴仆携带自己的财产逃跑，富翁便口述遗书，让人笔记：“我将悉数财产留与送达此遗书至你处的忠实奴仆。我儿尤第雅，你可由我之所有物中选择一项。”

犹太富翁不久死去，奴仆得了财产，兴冲冲地将遗书拿去给拉比看，然后同拉比一起去见富翁的儿子。拉比对富翁的儿子尤第雅说：“你父亲已将财产送与奴仆，你只能取其中一件东西，你自己选择吧！”

尤第雅毫不犹豫地说：“我选择这个奴仆。”因此，尤第雅既拥有了奴仆，又拥有了财产。

这就是机灵。

在经商过程中，机智更是反败为胜、绝处逢生的利器。

在历史上，金钱曾被各个民族广泛地看作一种罪恶，或者至少是准罪恶的东西，但精明的商人除外。精明厚黑到骨子里的商人认为，赚钱是最自然的事。如果能赚到的钱不赚，这简直是对钱犯了罪。

大财阀希尔斯正是厚黑商人的杰出代表。他的始祖名为迈耶·希尔斯，少年时在另一个成功的犹太商贾处当学徒。后来自立门户经营古董商店，以贵族巨贾为推销对象。在 18 世纪后半期至 19 世纪的动乱期间，他因善于应变和经营，获得了巨大的赢利。他的经商手法可以说是厚黑经商的典范，他的座右铭把厚黑学的思想表露得淋漓尽致。

厚黑商人嗜钱如命，为了赚钱，他们绞尽脑汁，甚至不择手段。

加利曾为一个贫穷的犹太教区写信给伦贝格市一位有钱的煤商，请他为了慈善的目的赠送几车皮煤来。

商人回信说："我们不会给你们白送东西。不过，我们可以半价卖给你们50车皮煤。"该教区表示同意先要25车皮煤。交货3个月后，他们既没付钱也不再买了。

不久，煤商寄出一封措辞强硬的催款书。没几天，他收到了加利的回信："您的催款书我们无法理解，您答应卖给我们50车皮煤减掉一半，25车皮煤正好等于您减去的价钱。这25车皮煤我们要了，那25车皮煤我们不要了。"

对加利的厚黑经商手段，煤商愤怒不已，但又无可奈何。他气愤上当的同时，却又不得不佩服加利的聪明。

在这其中，加利既没要无赖，又没搞骗术，他们仅仅利用这个口头协议的不确定性，就气定神闲地坐在家里等人"送"来了25车皮煤。

这就是厚黑商人的赚钱高招。

机灵源于智慧，是智慧在非常状态下的自然迸发。在经商过程中，钱在商人的腰包里进进出出，但究竟是进得多出得少，还是出得多进得少？这就取决于商人的智慧——在关键时刻、关键问题的处理上是机灵还是愚钝。

金钱永远在市场领域里流通，在愚钝人面前晃一下就过去了，在机灵人面前想走都走不掉。这就是机灵与愚钝的差别。

一个厚黑商人无论在什么情况下，都能发现致富的机遇，因为厚黑而无束缚，因为心黑而充满赚钱欲望，动力十足。而对那些低财商者，任财富从身边悄然溜走而毫无察觉。

厚黑之士爱钱，但从来不隐瞒自己爱钱的天性。所以，世人在指责其嗜钱如命、贪婪成性的同时，又深深折服于他们在钱面前的坦荡无邪。只要认为是可行的赚法，厚黑商人就一定要赚。赚钱天然合理，赚回钱才算真聪明。这就是经商厚黑学的高超之处。

人类是地球上最高级的动物，我们学会了文明，学会了将残酷的竞争掩盖起来，学会了将需要变得文雅。但是，最终也不能逃脱胜者为王的预言。

巧施计谋，以恶制恶

古代军事家说：“用兵之道，以计为首。”经商之道也应该如此。无论你是已经身在商海的企业总裁，还是在商海中搏击的弄潮儿，面对空前激烈的市场竞争、尔虞我诈的经营环境，要想使自己生存下来，谋取利益，发展壮大，就必须首先考虑如何运用自己的智慧对各种各样不利于自己的事情制定出切实可行的操纵计谋，以便保证每战必捷，战无不胜。

他是19世纪中国商界的风云人物，他白手起家，由一名杭州普通的钱庄伙计，一跃而成为同治光绪年间全国最大的钱庄“阜康钱庄”的主人。此人便是让商界人士敬仰的红顶商人——胡雪岩。

他由商而官，由官而商，叱咤商界，游刃官场，从而富甲天下。然而，有的人就是小心眼，见不得别人好，看到胡雪岩的钱庄和当铺生意越来越红火，于是就心生歹意。

一天，当铺里来了一个人，一进门就趾高气扬地叫道：“叫你们管事的人出来，我有件宝贝要寄存在你们这里。这可是件商朝的古董，你们肯定没有见过。”

当铺主事的人走上前去一看，这真是一件十分罕见的物品，于是就问他要当多少钱。来人说至少得300两，少一分也不行。主事的人有些犹豫，说：“你拿来的这东西虽然看着有些像商朝古董，但毕竟不是市面上常有的物品，恐怕当300两银子太多了。”

来人一听，更有底气地说：“你根本没有眼光，叫你们老板出来。如果你们不想要就算了，我这稀罕物可有的是人等着要。我之所以来你们这里，是因为听说你们当铺信用好又识货，才来你们这里的。如今看来，恐怕也不过如此。”

主事的人一听他说的话，马上想到胡雪岩告诫自己要以信誉为重，再加上被他蒙骗，结果就给了他300两银子。那人拿上银子，边走边说：“今天要不是因为家里有急事，否则你们给我一千两都不舍得当。”

这个人走后，主事的人越想越觉得有些不对劲，便急忙请来很多行家帮忙鉴定。众人看完之后，一致认为这件东西是赝品，根本不是什么古董，更不值300两银子。主事的人一听，知道自己上当了，于是急忙去找胡雪岩汇报此事。

到了胡雪岩那，他说：“由于自己大意，结果被人白白骗去了300两银子，请求责罚。”但胡雪岩听后，并没有责怪他，而是一面安慰他，一面吩咐人安排10桌酒宴，说有一件商朝的稀世古董，请当地名流士绅第二天前来观赏。

第二天，受邀的各位名流士绅纷纷到来。酒过三巡之后，胡雪岩吩咐徒弟把“古董”拿下来，让大家共同鉴赏鉴赏。孰料小徒弟下楼的时候不小心脚下一滑，连人带“古董”一起跌落在地，“古董”被摔碎了。在场的人见此情景，都为此而感到惋惜。胡雪岩见状，拱手道歉说：“东西摔碎了没有关系，只是害得大家不能好好欣赏，实在是非常抱歉，还请各位多多见谅才是。”说完，胡雪岩又招呼大家继续喝酒。

在场的人回去以后，都十分惋惜地跟周围的人谈起此事。结果，此事很快就被当东西的人知道了。他得知这个消息后十分高兴，心想上次那么容易就赚到了300两银子，现在老天如此眷顾自己，发财机会居然又来到自己的面前。于是，他拿上300两银子，迫不及待地奔到当铺，一进门便叫道：“我赎我的古董来了。”说着，将银子放到柜上。

胡雪岩见此人来到，说：“你终于来了，伙计们，先看看他的银子是真是假，不要连银子都是假的！”骗当的人一听此话，心里就感到有些不对劲，但还是强作镇定。

验过银子之后，胡雪岩吩咐道：“把古董拿来还给这位先生，一定要小心，千万不要摔碎了！”

那个人一听，诚惶诚恐地说：“怎么会这样？”

胡雪岩冷笑着说：“你有假的，我就没有假的吗？你这个假，我摔碎的那个比你这个还假。我给你个机会，这次就不追究你了。但以后你要好自为之，不能再做这样昧良心的事情。否则，定要将你拿去见官。”那个人一听，一句话也没敢说，就灰头土脸地跑掉了。

《孙子兵法·虚实篇》中说：“因形而错胜于众，众不能知；人皆知我所以胜之形，而莫知吾所以制胜之形。故其战不复，而应形于无穷。”

意思是说，根据敌情的变化而灵活运用战法，取得的胜利摆在众人面前，而众人还是莫名其妙；人们都知道我之所以战胜敌人的方法，而不知道我怎样灵活运用这些作战方法而取胜的。所以，每次作战取胜，都不是重复老一套，而是适应敌情，变化无穷。

其实，孙武所说的这些话，用在经商方面，意思是说，在商场上什么样的人都可能会遇到，这就需要我们时时保持清醒的头脑。对于那些心怀不轨之人，要采取具体问题具体分析的原则，灵活处理。而胡雪岩就是采取了这样的办法。

试看，胡雪岩虽然知道自己遭到了小人的算计，却没有像他们一样施行小人的伎俩，将对手置于死地。这是什么原因呢？因为胡雪岩明白，商场如战场，如果你把别人置于死地，那么别人必然会对你怀恨在心，更会想方设法把你搞垮；如果将这些人的不义之举公开揭发出来，这样得到的结局，不仅会使同行受到伤害，同时也会使你自己受到伤害，对于这样的结局可谓得不偿失。所以，面对这样的事情，应当采取的理性方法就是点到为止，天知地知你知我知，就是最好。这样做，既达到了自己办事的目的，更达到了教育他人的目的，同时还可告诫他人自己不是那么容易被招惹的，在一定程度上更能让这样的小人看到自己大度的素养，于人于己都是有利的。

引诱对方上当以达到自己的目的，这是妇孺皆知的可大可小的操纵术。

笑里藏刀，厚中带黑

把自己的动机掩饰起来，以忠厚的外表接近对方，博取对方的信任，就能寻找到更好的机会，把对方一口吞下。这是典型的厚黑之术。

在商场竞争中，把赚钱的目的藏在心里，把和善的外表呈给顾客，博得顾客的友谊和信任，就能使自己声名远扬，巨大的财富滚滚而来。这是典型的商场竞争厚黑学。

“披着羊皮的狼”的故事，已流传很广，家喻户晓。

把自己的身份掩饰起来，给人以忠厚的外表，内里却暗藏杀机，这就叫作“笑里藏刀”。这一计素以阴险著称于世，善使此计者常被我们视作奸诈小人。

商人谋利，天经地义，不追求利润的最大化，而尽做善事的人，绝对不会是成功的商人。但另一方面，片面地追求利润，甚至不惜做出坑蒙拐骗的勾当来“黑”宰顾客，也同样是不足取的。正如厚黑大师李宗吾所说：“该厚时而黑，该黑时却厚，那就错了。”

在一些小店里，“宰客”的现象屡见不鲜，甚至还多次宰到熟人的头上。过去，人们常说：“老乡见老乡，两眼泪汪汪。”现在，则变成了“老乡见老乡，背后打一枪。”这样的营销行为是极其错误的，只能带来眼前的微小利益，失去的却是难得的声誉和更广大的顾客群。

“笑里藏刀”虽说够黑、够狠，令人谈之色变，但在市场竞争中还是大有用武之地的。为了消灭对手、吞并对手，必要的时候还是应该以一副哭脸来接近对方，以便寻找到痛下杀手的机会。

有一位厚黑商业巨头，在他 21 岁的时候，他从父亲那里继承了一个公司。然后，他花费毕生的心血把这个公司发展壮大，在世界许多国家都建立了自己的分公司，成为在全世界都有广泛影响的商业大亨。

在 20 世纪 60 年代之前，他的业务还主要集中在国内，在世界上的影响还不大。1968 年 10 月，他得到消息，一家著名企业发生了意外变故，给他提供了进军国外的大好机会。

这位厚黑商人了解到事情的经过，立刻心情振奋。天赐良机就在眼前，他是绝对不会放过的。他马上详细了解了该公司同行的所有情况，然后悄悄飞抵国外，前去拜会该公司领导人。

在最初的会面中，他表现得十分诚恳，时时处处替该公司着想，很快博得了该公司的好感。他滞留了好几天时间，与该公司领导人进一步接触，完全摸清了底细，以便采取更恰当的行动。

通过接触，他断言该公司已无回天之力，于是决定向该公司摊牌，直接提出由他本人来担任董事长。

该公司没想到前门打虎，后门进狼，听到他的要求，立刻断然拒绝。

他明白自己有点操之过急了，于是就改口说由他与该公司领导人做联合执行董事长。该公司同意了。

很快，公司 40% 的股权就被这位厚黑商人拿到了手里。这位厚黑商人看到时机成熟，就向该公司再次提出要做公司唯一的董事长，否则他就以退出相要挟。事已至此，该公司再也没有办法拒绝，只好很不情愿地同意了。

1969 年 1 月 2 日，这位厚黑商人收购事宜被公司股东大会表决通过，他志得意满地把公司的经营大权牢牢抓到了手里，取得了进军该国的决定性胜利。

发挥厚黑智慧的威力，进行精彩的布局，笑里藏刀，设置一些令人防不胜防的圈套，诱使对方上钩。厚黑办事，就能有效地击败对方，壮大自己，取得市场竞争的辉煌胜利。

厚中带黑，笑里藏刀的方法令人防不胜防。厚黑商人最善于用厚黑之术，笑脸相近，热情至极，心里却暗自盘算如何出手，而这也是赢得胜利的至上法则。

伪装厚黑之术

精通处世之道的人都知道，做人表面天真可以，但内心一定要留点“心机”自己用。这样一来，即使事发突然，也会依凭厚黑之手段应对自如。

中国古代大哲学家荀子在论人性时说：“人之性恶，其善者伪也。”这句话的意思是说，人的品性如果看来是善的，那是他努力装扮成这样的，人性本来就是恶的。这就是著名的性恶论。这也告诉人们，要想人前显贵，必须适度地伪装自己，以防被恶人所害。

人性究竟是善还是恶，绝非三言两语能够说清楚。但在现实生活中，与人打交道时，的确要谨慎小心，对人不妨考虑一些防范对策，以防万一。否则，事情发展到糟糕程度时就为时晚矣。

一般人都不喜欢谋略意识强烈的人，也就是“心机”太重的人。然而，在现实社会里，欺骗、狡诈的人大有人在。大到国家之间的争端，小到个人之间的利害关系，这种欺诈无处不在。因此，与其说欺瞒他人是不正当的行为，太卑鄙，倒不如说吃亏上当的人太单纯、太大意。

人生从某种角度看，也是一场战争。在这场战争中，为了求生存，为了实现日后的显贵，必须要有慎重的生活方式和态度，这样才不至于上大当、吃大亏。当然，这并不是说让你去欺骗别人，只是社会上鱼龙混杂，到处都是陷阱、圈套，必须小心提防。正所谓：“害人之心不可有，防人之心不可无。”

不知你是否见到过乌龟在遇到天敌时如何保护自己？当人开始抓乌龟时，这个家伙便将头和爪子全缩进了壳内，这样它装死足足几分钟后才慢慢将头伸出来张望。等敌人走了，它才敢爬动。也许你也听说过兔子蹬鹰的故事，鹰的眼睛锐利，在高空中便能看清地面上的兔子，并立即俯冲下来。而此时兔子并不慌乱，它顺势打个滚装作死去。鹰一个俯冲下来，本想这下可抓住兔子了。可是，奇迹发生了。当鹰到达地面伸开双爪时，兔子却一跃而起，双爪猛抓鹰的胸肚部位。鹰悲鸣几声，带着伤痕逃离了地面。

以上两例都是发生在自然界里的普通故事，也是两类不同的以伪装之术而求得生存的实例。在人性的丛林中，人人都想战胜对手，想操纵对手。当敌我力量悬殊较大时或势均力敌时，用反间计或伪装之术迷惑对方，会使对方上你的当，处于你的摆布之中，而你此时已成了狩猎的猎人。当你的力量处于优势时，也不妨采用一下伪装的战术，这样会使你事半功倍。总之，伪装是一种高超的操纵计谋。

其实，在人性的丛林里，无处不存在着伪装术。这并不是什么违背伦理的罪恶。凡是有利于自己的生存、有利于个人目标实现的，都是正当的、合理的。西方哲人曾说过："凡是存在的，都是合理的。"这话不无道理，既然我们存在，我们就有理由去生存、求发展，而一切对自我的压抑和对存在的摧残则应当被看成罪恶。

另外，竞争的特性也决定了伪装术的必要性。竞争使我们不得不谨慎行事，也使我们每个人必须以自我为中心，必须永远走在同伴的前面。否则，优胜劣汰的法则便不会饶恕我们。

做人单纯本身不是错，关键是社会关系复杂。要想在社会上立足，就要懂得伪装自己，以防被人欺骗被人诈。

阳用其方，阴用其圆

老子在《道德经》中云："胜人者有力，自胜者强。"现代社会到处都充满着竞争，也存在着欺骗。人们往往感到迷惑不解，小者躲避，愚鲁者轻生。其实，每个人都想在社会上站住脚，然而往往又对现实甚为不满，心态不佳。这种生存方式如果不好好处理，就会被现实社会所淘汰。

又有另一种人，心怀大志，为了高洁之理想，九死不悔地去追求。成事者固然极多，但败阵者亦为数不少。我赞叹这些人的执着。可是，世间没有无缘无故的爱，也没有无缘无故的恨，这些勇者的失败必然有其原因。

无智乎？非也。无勇乎？非也。无仁乎？无义乎？无礼乎？无信乎？均非也。英雄的气概、君子的风度，这些尽管他都具备，但最终却落得两手空空，满目凄凄。缘由在于少了一点关键性的技能。这些技能人人都能学得会，人人都能做到。但要把这点技能学得精、做得妙，那就需下功夫研磨一番了。

这点技能是什么？答曰：方圆处世。

明武宗时，吏部尚书杨一清与宦官张永共同带兵讨伐安化王。在行军的路上，杨一清对张永说："宦官刘瑾祸乱宫廷，将来非闹出大麻烦不可。如果不除掉刘瑾，我们将来恐怕都没有好下场。"张永听了这一番话，觉得很有道理，就向杨一清请教具体办法。

杨一清对预期的效果很满意，就从袖中拿出预先准备好的两封奏书。一封写的是有关平定宁夏贼乱的事，另一封写的是朝廷中刘瑾将要发动政变的事。杨一清嘱咐张永说："将来你率军胜利回京，去见皇帝时，先把有关宁夏的奏书递上。这时，皇上肯定会公开问你一些问题，你就请皇上屏退左右侍官，装作回报前线问题的样子，趁机交上揭露政变的奏书。"张永问："如果皇上不相信怎么办？"杨一清说："别人的话能不能使皇上相信，这还不好说。若是您讲话，对皇帝必定有效果。所以，您在讲话的时候，一定要头绪清楚，要考虑周到。万一皇上不相信您，您可以叩头请皇上立即将刘瑾召来，没收刘瑾的兵器，并劝皇上登上城门亲自考察。接着，您可对皇上说，刘瑾若没有反叛的行为，可以杀掉我去喂狗，然后再叩头哭泣。这样，皇上对刘瑾反叛的事肯定会相信，并会对刘瑾大为愤怒。除掉了刘瑾，您就会被重用。那时，您就可以把刘瑾当权时的错误及其后果矫正过来。吕强、张承业和您是千年来才出现的三个大德大才的人，盼望您立即行事，不能耽误片刻。”张永听从了杨一清的话，十分振奋地说：“老奴要报答皇上的恩德，何惜残年余生呢?”

回京后，张永去禀见皇上。他按照杨一清教给他的计策去劝谏皇帝，事情果然办成了。

谋略贵在会圆通，而不在于方正；计策贵在灵活，而不在于拘泥。智略计谋，各有各的种类及情况，各有各的外形面貌，或圆或方，或阴或阳，或凶或吉，各有不同，所以圣人怀着这些转圆而求它们的吻合。天地无极，人事无穷。名以成就而类聚，就能看出他们的计划谋略，便能了解到天地间的吉祥与不利、成功与失败所在。

俗话说：“圆的不稳，方的不滚。”圆为灵活性，为随机应变，具体情况具体分析，具体处理。方为原则性，为坚守一定之规，以不变应万变。外圆内方包括修身处世之要义。方是原则，是目标，也是本质；圆是策略，是途径，也是手段。

总之，万变不离其宗，圆是万变，方是宗。以方生圆是修身，做人方正必生智慧，智慧一开，方法就多，处世也就圆润融洽。以圆从方是做事，圆是用智，方是行事，用智周圆是为了行事方正。

只知方，不知变，通常碰壁，一事难成；只知圆，多机巧，却是没有主见的墙头草。方圆之理才是智慧与通达的成功之道。做人需内方外圆，太强必折，太张必缺。过于坚硬必被折断，过于扩张必会裂开。与人相处也是这样，不能过于倔强耿直，否则就是榆木疙瘩，死板一块。

为人处世要既有原则又不失灵活性。时势变迁，事物的发展也随之变化，因而对策也要随之改变，须内里端方正直，对外灵活圆通。笔直的树木不能形成阴凉，过于直率的人容易得罪别人，别人就会远离你。处理事情要精细之中有果断；认识道理要正确之中有通达灵活，不至于古板不化。

方圆方圆，既方又圆，看似矛盾，实则统一。既坚持自己要办的事不能动摇，是为方刚，又圆柔推进；既有利于自己，又有利于他人；既达到了目的，又使别人说不出什么不满。这种方略，代价最小，值得我们借鉴。

真正的“方圆”是大智慧与大容忍的结合体，有勇猛斗士的武力，有沉静蕴慧的平和。真正的“方圆”能承受大喜悦与大悲哀的突然发难。真正的“方圆”，行动时干练、迅捷，不为感情所左右；退避时，能审时度势，全身而退，而且能抓住最佳机会东山再起。真正的“方圆”，没有失败，只有沉默，是面对挫折与逆境时积蓄力量的沉默。

黑脸开战，红脸收场

“黑脸——红脸”操纵战术，有两种使用方式。

一种是一个人唱红脸，一个人唱黑脸，两个搭档合唱双簧。这需要两个人相互配合才行，两个人不可以以同一种姿态去面对目标者。在具体操作上，一般来说，第一个人饰演的是“黑脸”，他的责任在激起对方“这个人不好惹”“碰到这种人真是倒了八辈子霉”的反应；而第二人唱的是“红脸”，即扮演“好好人”的角色，使对方产生“总算松了一口气”的感觉。就这样，二者交替出现，轮番上阵，直到达到自己的目的。

另一种“黑脸——红脸”战术的施行方式更高级，更有难度，那便是同一个人像技艺精湛的演员一样，根据角色需要来变换脸谱。同样一种情况，在面对这个人时是和风细雨，但面对另一个人时则是狂风骤雨；或面对同一个人，在这种情况下是温文尔雅，而在另一种情形下又变得正言厉色。

一个中年妇女从老家到广州出差，闲暇时想在广州街头买几件漂亮的新衣服。听说有一条步行街的货物物美价廉，到了那里以后，果然名不虚传。衣服不仅漂亮，而且价格比商场里的不知要便宜多少倍。于是，她一口气选了好几件，家人的、朋友的、同事的，乐呵呵地把钱付给了货主。转身准备离开，忽然发现自己的钱包竟然不翼而飞了。这可把她吓坏了，包里有好几千块钱呢！明明刚才付款时才拿出来的，怎么可能一下子就不见了呢？刚才摊位前就她一个人，再就是卖衣服的摊主了。这位妇女仔细地回忆刚才的情形，心想，十有八九是卖衣服的摊主随手把钱包塞进了衣服堆里。

这位妇女问摊主说：“小姑娘，看到我的钱包没有？”

姑娘一听，不高兴了，说：“哼，你是在说我拿了？那你去叫警察呀！”

这位妇女一听，姑娘的口气不对，自己并没有说她拿了，只是询问一下而已，她就鼻子不是鼻子，脸不是脸了，翻脸比翻书还快，这不是“此地无银三百两”吗？

这位妇女明白，自己一个人在外地，既没有亲戚，也没有朋友，一旦离开小摊，钱包被转移，那就再也没有希望拿回来了，自己就要损失好几千块血汗钱哪！如果和她来“硬”的，只会把关系弄僵。于是，她决定来点“软”的。她笑着赔不是，说：“我没说是你拿了，是不是忙中出错，把钱包混到衣服堆里去了。”这话很有分寸，给姑娘准备了台阶。

看姑娘的脸色缓和了很多，这位妇女又悄悄地低声说：“小姑娘，我是一个外地人，由于工作需要到这儿出差，想买几件衣服送人，在这儿一下子就照顾了你好几百元的生意，你怎么能这样对待我呢？我看你年纪轻轻的，在这个繁华、热闹的街道上摆摊位，一个月下来好几万元的收入，也不差这几个小钱，再说信誉要紧哪！”这一番恳求、开导、暗示，说得摊主不好意思地低下了头。显然，摊主是在进行激烈的思想斗争。

为了攻破摊主的最后防线，这位妇女又继续说道：“我是一个工薪阶层，这钱是我一家老小一个月的生活费呀！他们怕我一个人出门在外，用钱的地方多，都让我拿来了。要是就这样没了，回去我怎么对得起他们呀！姑娘，你就替我好好找找吧。”接着，她又补充道：“我知道你是一位善良的小姑娘，一定会帮助我的。”

果然，那位摊主禁不住这位妇女的再三恳求，就借坡下驴，翻了一阵子，在衣服堆里“找”出了钱包，红着脸递给了这位妇女。

这位中年妇女的“脸谱论”道出了逢场作戏的实质本领。能够一会儿红脸一会儿黑脸，集软硬兼施、刚柔并用、德威并加于一身，便能像一位出色的演员，让自己在社会中胜任各种角色。

在京剧里，演员面部化妆，以各种人物不同，在脸上涂有特定的谱式和色彩以寓褒贬。不同的脸谱显示了不同的角色特征。关系学中红黑脸相间借用京剧脸谱的名称，但它要比京剧中简单化的脸谱复杂得多。它是宽猛相济、恩威并施、刚柔并用的综合，是一种高级厚黑术。

“黑脸”开场，“红脸”收场，确实是灵活办事操纵他人的好方法。用“黑脸”既抑制对方的怒火，又摆明了自己的场。而“红脸”收场更是这场“戏”的关键和精彩所在。高明的厚黑之人深谙此理，为避此弊，莫不运用红黑脸相间之策。有时，两人连裆唱双簧，一个唱红脸，一个唱黑脸；有更高明者，可像高明的演员，根据角色需要变换脸谱。正所谓软硬兼施，刚柔并用，“黑脸——红脸”战术就在这收放自如中操纵人心。

为人兼有红黑两手，才是处世、自保并争取主动的真理。

利诱对方

厚黑学中说人性向利，社会中一切关系都离不开利益。利益是谋略与行动的根本动机，其区别只是长利与短利、远利与近利的区别。正因为有利益作为目标，成功才变得吸引人，因而人们对谋略才格外慎重，考虑异常深入，手段格外推陈出新。所以，在谈判当中不妨以利诱之，哪怕是非常遥远的利益，只要让贪心的人看见了，就不怕他不束手就擒。

谈判的过程中，恰当地向对方提供有关长远利益和前景的论据，往往可以使对方产生强烈的共鸣，激发对方进行交谈的兴趣和积极性，并且能够在很大程度上影响求人的结果，改变对方的看法和立场，从而达到操纵他人的目的。这种技巧可以叫作远利诱惑。如果这种谈判的技巧运用得好，有时可以产生不可思议的操纵效果。

西方某国，有一家犹太人创办的照明公司。该公司处于初创阶段，产品销路不畅，价格也不便宜。他们的董事长到各地去做旅行推销，希望代理商们积极配合，使他们生产的电灯泡能够打入各级市场。

一次，身为犹太人的董事长召集各个代理商，向他们介绍新产品。董事长对参加谈判的各代理商说：“经过许多年的苦心研究和创造，本公司终于完成了这项对人类大有用途的产品。虽然它还称不上是一流的产品，只能说是二流的，但是，我仍然要拜托各位，以一流的产品价格，来向本公司购买。”

这位董事长可谓是厚中带黑，黑中带厚。脸皮薄的人，做不出这样的举动来。在场的人听了董事长的陈述，不禁哗然：“咦！董事长该没有说错吧？谁愿意以购买一流产品的价格来买二流的产品呢？那当然应该以二流产品的价格来交易才对啊！他怎么会说出这样的话呢？难道……”大家都以莫名其妙的眼光看着董事长。

“那么，请你把理由说出来让我们听听吧！”代理商们都想知道谜底。

“大家知道，目前制造灯泡行业中可以称得上第一流的，全国只有一家。

因此，它算是垄断了整个市场，即它任意抬高价格，大家也仍然要去购买，是不是？如果有同样优良的产品，但价格便宜一些的话，对大家不是一种福音吗？否则，你们仍然不得不按厂商开出来的价格去购买。”经过董事长这么一说，大家似乎明白了一点儿。然后，董事长接着说：“就拳击比赛来说吧！不可否认，拳王阿里的实力谁也不能忽视。但是，如果没有人和他对抗的话，这场拳击赛就没办法成立了。因此，必须要有个实力相当、身手不凡的对手来和阿里打擂台，这样的拳击赛才精彩，不是吗？现在，灯泡制造业中就好比只有阿里一个人，因此，你们对灯泡业是不会产生任何兴趣的，同时也赚不了多少钱。如果这个时候多出现一位对手的话，就有了互相竞争的机会。换句话说，把优良的新产品以低廉的价格提供给各位，大家一定能得到更多的利润。”

“董事长，你说得不错。可是，目前并没有另外一位阿里呀！”

董事长认为摊牌的时间已经到了。他接着话题继续说道：“我想，另外一位阿里就由我来充当好了。为什么目前本公司只能制造二流的灯泡呢？你们知道吗？这是因为本公司资金不足，所以无法在技术上有所突破。如果各位肯帮忙，以一流的产品价格来购买本公司二流的产品，这样我就可以筹集到一笔资金，把这笔资金用于技术更新或改造。相信不久的将来，本公司一定可以制造出优良的产品。这样一来，灯泡制造业等于出现了两个阿里，在彼此大力竞争之下，毫无疑问，产品质量必然会提高，价格也会降低。到了那个时候，我一定好好地谢谢各位。此刻，我只希望你们能够帮助我扮演‘阿里的对手’这个角色。但愿你们能不断地支持、帮助本公司渡过难关。因此，我要求各位能以一流产品的价格，来购买本公司的二流产品。”

话音刚落，一阵热烈的掌声掩盖了嘈杂声。董事长的发言产生了极大的回响，收到了很好的谈判效果。代理商们表示：“以前也有一些人来过这儿，不过从来没有人说过这些话。我们很了解你目前的处境，所以，希望你能赶快成为行业里的巨星。”为了另一个“明星”产品，代理商们不仅扩大订单，而且愿意出一流产品的价格购买。董事长的这次谈判，可以说获得了极大的成功。

利诱即是以利益引诱对方，这一方法很直接，效果最好。利益引诱的价值在于施展小我内涵的积极性，使他们自己监督和调剂其举动，以实现他们期望达到的效果。在这个进程中，最理想的情形是，通过施展小我的积极性，实现他人所期望的目的。犹太人的董事长就是这么做的，他为代理商们指出了一条明路，也就是对代理商们进行了利益上的引诱。通过代理商们的自我理性选择，把他们的思想意识引诱到未来可能创造的利益上去。如此这般，代理商们也就纷纷签下订单了。可见，利诱也是一种很高明的厚黑操纵术。

人们都有对“利”的喜好与追逐——利而诱之，如果再加上“攻其不备出其不意”，这就“绝”了。

第二篇

心理操纵术：运用心理知识，开启幸福生活之门

人心难测？其实，只是因为你不懂得操纵人心的方法。忧郁烦恼？其实，只是因为你还没有掌握调整心理的技巧。世界上所有人都有可能陷入操纵关系中，操纵者借助各种情绪、言行和心理游戏控制对方，从而在操纵关系中摆脱被动局面、占据主导地位，从心理层面影响与控制他人。

首因效应，给对方留下良好的第一印象

在一般情况下，一个人的体态、姿势、谈吐、衣着打扮等都在一定程度上反映出这个人的内在素养和其他个性特征。因此，当你第一次与人见面时，应对自己的行为举止多多留意。

在我们的日常生活中，第一次见面后，人们大多会对对方的穿着、言行、神情、语调、修养等方面进行评价。在通常情况下，人在初次交往中给对方留下的印象会特别深刻，人们也会自然而然地运用第一印象去评价某个人，并作为日后打交道的依据。

心理学家认为，第一印象是指最初接触到的信息所形成的印象对我们以后的行为活动和评价的影响。这些内在或外在的条件，说出来似乎是一套一套的。但是，在实际的交往过程中，不过是一点一滴的汇聚。或许仅仅是一句话、一个表情、一个不经意的小动作，就会将一个人大部分的潜在信息暴露在对方眼中。而这些将决定着对方对你的第一印象如何，以及对方是否会决定继续与你交往、如何与你交往等。

这就是所谓的首因效应。首因效应也叫作“第一印象效应”。在通常情况下，人在初次交往中给对方留下的印象很深刻，人们会自觉地依据第一印象去评价某人或某物，今后与人、物打交道的过程中的所有印象都被用来验证第一印象。

那么，如何才能给对方留下良好的第一印象呢?

心理学家研究表明，服装对人的心理有着重要的影响。服饰是否有魅力直接关系到个人良好形象与威信的确立与否。

一个人的服饰对于自身形象的塑造、传播就是这般重要。一般可以这样说，没有得体的服饰，就没有良好的形象。

每一个向往获得成功、渴望赢得尊敬的人都十分重视衣着。“什么样的衣着决定什么样的性格。”穿戴整洁的意识形成优雅从容的风度，而衣衫褴褛、

衣冠不整使人感觉龌龊、猥琐和局促不安，缺乏尊严和庄重感。我们的衣着会影响我们的情绪和自我感觉，任何有这种体会的人都知道这一点：穿着合身的新衣，让人精神焕发，春光满面，而别扭、肮脏的衣服有损人的精神状态和风度。

一位企业家这样说道："在商界，企业家最初的合作看什么？其实，很大的成分看衣着。有一次，我想开发一种新的产品，一位朋友给我介绍了一个合作伙伴。见面的那天，他穿着西装，里面没穿衬衣，只穿了一件圆领衫，手里拎着一个手机。"

"我当时看着就很别扭。你想想，西装是多正式的着装，他穿了件圆领衫来配，还拎着个手机，典型的暴发户形象。我当时就决定，不与他合作。后来，朋友说，他真的很有钱，而你正缺钱。我说，我缺钱不假，可是合作伙伴这个人才是主要的。他出钱他要参与，要管理，要与我共同决策，他的水平直接影响到我的生意，所以我不选择他。"

莎士比亚说："衣装是人的门面。"这一说法得到了全世界的认同。许多人经常因为他们不得体的穿着而备受指责。初看起来，仅凭衣着去判断一个人似乎肤浅轻率了些，但经验一再证明：衣着的确是衡量穿衣人的品位和自尊感的一个标准。渴望成功的有志者应该像选择伴侣一样谨慎地选择衣装。古谚云："我根据你的伴侣就能判断你是什么样的人。"某个哲学家也说过一句精妙的话："让我看看一个妇女一生所穿的所有衣服，我就能写出一部关于她的传记。"

崇高的理想、活泼健康的生活和工作本身与个人卫生的不整洁都是势不两立的。一个忽视洗澡的年轻人也会忽视他的心灵，他会很快全面堕落。

无论如何，衣着得体都是有益无害的。穿着合身衣服的感觉令人精神振奋。不管你的自制力有多强，你都会受到周围环境的影响。如果你衣衫不整、不修边幅、房间凌乱、随随便便，那么你很快会发现你的思想已经下滑、松弛懈怠，变得像你的身体一样邋遢凌乱，缺乏生气。相反，当你忧心忡忡、身体不适、无心工作的时候，你不是身穿睡衣无所事事地躺在床上，而是去洗一个热水澡，或是来一次桑拿浴，然后换上一身新衣，像是去赴盛大宴会一般仔细修饰一番，那么你就会有脱胎换骨的感觉。在你穿完衣服之前，你的忧伤和病恹恹的情绪十有八九会消逝得无影无踪，你的精神面貌已焕然一新。

形象并不是一个简单的穿衣和外表长相的概念，而是一个综合的全面素质，一个外表与内在结合的流动中的印象。

站立、步行、端坐虽然都是单纯的动作，但其重要性却比舞艺高超来得大。有的人出现在人前，是一副缩手缩脚的模样，坐下来时，也是不自然地伸长了身体，极为懒散不堪。心性率直，凡事不在乎的人，则是将全身的重量，一股脑地压在椅子上。这些动作，即使是看在至亲好友的眼里，也会颇不以为然。

标准的坐姿是要有愉快的心情支撑的。由外观之，这种姿势并非使尽全力，而是轻松地坐下来，不是采取身体僵硬不动的姿势，而是非常自然的动作。你大概能做到这一点吧！若是不能，应该尽可能练习，以达到接近标准的动作。

此种看起来微不足道的动作，但它无论是对女性还是男性的心，都会产生深深的吸引。在工作场所，这种情形也相同。优雅的站立动作，能打动多少人的心，这是我们所熟知的事。

形象的内容包含得太丰富了，它包括你的穿着、言行、举止、修养、生活方式、知识层次、家庭出身、你住在哪里、开什么车、和什么人交朋友等。它在清楚地为你下着定义——无声而准确地讲述你的故事——你是谁、你的社会位置、你如何生活、你是否有发展前途……形象的综合性和它所包含的丰富内容，这都为我们塑造成功富有的形象提供了很大的回旋空间。

在现实生活中，自觉地利用首因效应可以帮助我们顺利地进行人际交往。

一生中，我们会遇到很多重要的第一次，也就会有很多需要重视的第一印象。比如，求职，第一次去见面试官；求人办事，第一次登门拜访；参加工作，第一次见单位同事；找对象，第一次与对方约会……所以说，第一次都很重要。从小的方面来看，关系到求职能否成功、事情能否办成；从大的方面来看，关系到事业能否如愿，婚姻能否美满。

因此，在现实交往中，务必在“慎初”上下功夫，力争给对方留下好的第一印象。这对你今后操纵他人会有很大的帮助。

在通常情况下，人在初次交往中给对方留下的印象很深刻，人们会自觉地依据第一印象去评价某人或某物，今后与人、物打交道的过程中的所有印象都被用来验证第一印象。

冷热水效应，缩小对方心中的预想

心理学家认为，当一个人不能直接端给他人一盆“热水”时，不妨先端给他人一盆“冷水”，再端给他人一盆“温水”。这样的话，这人的这盆“温水”同样会获得他人的良好评价。

假若我们面前摆放了一杯温水，保持温度不变，另外还有一杯冷水、一杯热水。当我们先将手放在冷水中，再抽出放入温水中，会感到明显的温水热度；当我们先将手放在热水中，再放到温水中，会感觉到温水明显凉很多。实际上，这就是冷热水效应。

从心理学的角度来讲，运用冷热水效应去获得对方好评，是赢得人脉的基础。人生在世，难免有不如意的时候，难免有误伤他人的时候，也难免有批评别人和被人批评的时候。遇到这些情况，假若处理不当，就会降低自己在他人心目中的形象，不仅妨碍交际，还得不到友情。但如果我们巧妙运用冷热水效应，效果就完全不一样了。

一位工会职员为造酒厂的会员要求增加工资一事向厂方提出了一份书面要求。一周后，厂方约他去谈判新的劳资合同。

令他惊奇的是，一上来厂方就向他详细介绍了销售和成本情况，经理还花了很长时间来谈下一年度的财务前景。

如此反常的开头，叫他应对维艰。为了争取时间考虑对策，他便拿起桌上摆着的会议材料看了起来。最上面的一份是他的书面要求。

一看之下，他这才恍然大悟。原来是他的秘书在打字时出了差错：把要求增加工资 12% 打成了 21% （而他的期望值本是打算以增资 7% 来了结的）。难怪厂方要小题大做了。

他心里有了底，一言不发地静观厂方在作了有关工厂处境维艰的痛心发言后将提出什么建议。果不其然，厂方建议增加工资 12% 。谈判下来最后以增资 15% 达成协议，比自己的期望值多了 8 个百分点。

这的确是一种奇妙的谈判技巧，预设的苛刻条件大大缩小了对方心中的预想，使得对方毫不犹豫地同意那个折中的方案。这种谈判技巧，在经商洽谈中可以发挥巨大作用。

因此，在商战中，假若首先让对方尝尝“冷水”的滋味，就会使他心中的预想得以缩小，他会对获得的“温水”感到高兴。在人际交往中，如果让对方在关键时刻甚或平常日子里高高兴兴，还有什么事办不成，还有什么样的硬仗打不赢呢？

综上所述，冷热水效应在商战中，通过使他人心中的预想变小，发挥着三大作用。但如果使对方心中的预想变大，就会出现三大副作用了。人与人交往，应力避这些副作用的出现。总之，一个人只有保持心中的预想合情合理，前后一致，才能正确地评价自身和外在的事物。

提出高于预期的要求，这样会帮助自己达到最初想要的目的，把最糟糕的情况说在前面。如此一来，对方的心理接受程度就会提高。这都是利用了人们前后的心理反差，运用了心理学上的冷热水效果，从而达到商场成功的目的。

晕轮效应

晕轮效应最早是由美国著名心理学家爱德华·桑戴克于20世纪20年代提出的。他认为，人们对人的认知和判断往往只从局部出发，扩散而得出整体印象，也即常常以偏概全。一个人如果被标明是好的，他就会被一种积极肯定的光环笼罩，并被赋予一切都好的品质；如果一个人被标明是坏的，他就被一种消极否定的光环所笼罩，并被认为具有各种坏品质。这就好像刮风天气前夜月亮周围出现的圆环（月晕），其实呢，圆环不过是月亮光的扩大化而已。据此，桑戴克为这一心理现象起了一个恰如其分的名称“晕轮效应”，也称作“光环作用”。

心理学家戴恩做过一个实验。他让被试者看一些照片，照片上的人有的很有魅力，有的无魅力，有的中等。然后，让被试者在与魅力无关的特点方面评定这些人。结果表明，被试者对有魅力的人比对无魅力的赋予更多理想的人格特征，如和蔼、沉着、好交际等。

晕轮效应不但常表现在以貌取人上，而且还常表现在以服装定地位、性格，以初次言谈定人的才能与品德等方面。在对不太熟悉的人进行评价时，这种效应体现得尤其明显。

《资治通鉴·汉记》上载，东汉平敌将军庞萌表面上其人恭谨谦逊，常与刘秀共商国是，光武帝对他非常信任。

光武帝对别人说：“可以抚六尺之孤，寄百命之者，庞萌是也。”由此可见，光武帝刘秀对庞萌的倚重。一次，光武帝刘秀命他与虎牙大将军盖延一起攻击海西王董宪。因为诏书只颁给了盖延，庞萌陡生疑心而不自安，于是起兵反叛。刘秀得知后，气得几乎发疯，亲统大军讨伐庞萌，于朐县斩之。光武帝只凭通常的印象，在考察庞萌的为人上看走了眼。

这就是晕轮效应导致的结果。由于人容易被晕轮效应影响，往往产生对某个人的了解还不深入，也就是还处于感觉、知觉的阶段，因而容易受感觉的表面性、局部性和知觉的选择性的影响，从而对于某人的认识仅仅专注于一些外在特征上。有些个性品质或外貌特征之间并无内在联系，可我们却容易把它们联系在一起，断言有这种特征就必有另一特征，也会以外在形式掩盖内部实质。如外貌堂堂正正，未必正人君子；看上去笑容满面，未必面和心慈。简单把这些不同品质联系起来，得出的整体印象必然是表面的。

从心理学的角度看，晕轮效应的形成原因与我们知觉特征之一的整体性有关。我们在知觉客观事物时，并不是对知觉对象的个别属性或部分孤立地进行感知的，而总是倾向于把具有不同属性、不同部分的对象知觉为一个统一的整体。这是因为，知觉对象的各种属性和部分是有机地联系成一个复合刺激物的。比如，热情的人往往对人比较亲切友好，富于幽默感，肯帮助别人，容易相处；而“冷漠”的人较为孤独、古板，不愿求人，比较难相处。这样一来，对某人只要有了“热情”或“冷漠”的一个核心特征，我们就会自然而然地去补足其他有关联的特征。另外，就人的性格结构而言，各种性格特征在每个具体的人身上总是相互联系、相互制约的。例如，具有勇敢正直、不畏强暴性格特征的人，往往还表现在处世待人上襟怀坦白，在外表上端庄大方。而一个具有自私自利、欺软怕硬性格特征的人，则会在其他方面表现出虚伪阴险、心口不一，或阿谀奉承，或骄横跋扈。这些特征也会在举止表情上反映出来。于是，人们既可从外表知觉内心，又可从内在性格特征泛化到对外表的评价上。这样就产生了晕轮效应。

从认知角度讲，晕轮效应仅仅抓住并根据事物的个别特征，而对事物的本质或全部特征下结论，是很片面的。因此，在人际交往中，我们应该注意告诫自己不要被别人的晕轮效应所影响，而陷入晕轮效应的误区。

一个人如果被标明是好的，他就会被一种积极肯定的光环笼罩，并被赋予一切都好的品质；如果一个人被标明是坏的，他就被一种消极否定的光环所笼罩，并被认为具有各种坏品质。

异性效应，办事顺风顺水

异性效应是指在人际关系中，异性接触会产生一种特殊的相互吸引力和激发力，并能从中体验到难以言传的感情追求，对人的活动和学习通常起积极的影响。

“异性效应”是一种普遍存在的心理现象，这种效应在青少年中显现得比较突出。其表现是有两性共同参加的活动，较之只有同性参加的活动，参加者一般会感到更愉快，干得也更起劲、更出色。这是因为，当有异性参加活动时，异性间心理接近的需要得到了满足，会使人获得程度不同的愉悦感，并激发起内在的积极性和创造力。男性和女性一起做事、处理问题都会显得比较顺利，这也就是通常所说的“男女搭配，干活不累”。

异性效应现象甚至在我们人类征服宇宙的过程中也曾发生。在宇宙飞行中，占60．6%的宇航员会产生“航天综合征”，如头痛、眩晕、失眠、烦躁、恶心、情绪低沉等，而且一切药物均无济于事。这到底是为什么呢？几年前，在南极考察的澳大利亚科研人员也得了这种怪病，晚上失眠，白天昏昏沉沉，用了许多方法，均无法治愈。经过调查研究，得出的结论竟是“没有男女搭配，是性别比例失调严重，导致异性气味匮乏的结果”。因此，美国著名医学博士哈里教授向美国宇航局提出建议，在每次宇航飞行中，挑选一位健康貌美的女性参加。谁知，就这么一个简单的办法，竟使困扰宇航员的难题迎刃而解。

在对现实生活的研究中，心理学家还发现，在一个只有男性或女性的工作环境里，尽管条件优越，卫生符合要求，自动化程度很高，然而，不论男女，都容易疲劳，工作效率不高。

异性效应一般在青年男女身上表现得比较强烈。这是因为，青年人随着身心发育成熟，正处于对异性的亲近、爱慕和追求期，常常会不由自主地将注意力移到异性方面。他们在情感上渴望与异性交流，以发现自我、完善自我和理解别人，从而体验到深深的情感依恋，渴望得到异性的肯定以增加自信心。他们特别注意和关心异性对自己的评价，同时不失时机地在异性面前表现自己。如男性竭力表现出自己的男子汉能力、魄力和风度，女性则尽可能地使自己更漂亮、温柔，充满活力和魅力。为了在异性面前呈现一个完美的形象，他们会尽己所能，努力做好事情，充分表现自己的才能，以引起异性的尊重和关注。这便是人际交往中的异性效应。

有这样一个幽默故事。

一位老汉拎不动手中沉重的东西，请路边的一个小伙子帮忙。小伙子头一扭，装作没看见、没听见。老汉又请一位中年男人帮忙。这位男人皱皱眉，也是无动于衷。这个场面恰巧让一位年轻貌美、心地善良的姑娘看到了。于是，她拿起老汉的东西问那两个男人，能否帮个忙？这两个人立即脸上堆笑，甚至抢着做起好事来。正当他们争抢不休时，那位姑娘对老汉说："老人家，有这两位热心人帮您，我就不陪您了。"说完离去。那两个男人顿时傻了眼，没了拎东西的力气。

上面的例子虽说带有幽默的色彩，但在日常生活中，异性相吸却是普遍存在的心理现象。每个人大概都会有这样的体验，去见异性，特别是与自己年龄相仿的异性时，总要比较认真地打扮一番，很注意自身形象。在集体活动时，如果清一色的男性或女性，则显得既不热闹也没有活力。如果异性参加，则不但热闹，而且具有热烈的气氛。

不仅如此，利用异性效应心理也可以使得办事更加顺畅。

王女士是某公司公关部经理。她关系颇广，出师必胜，为公司立下赫赫战功。公司的原料奇缺，材料科的同志四处奔走，却连连碰壁，而王女士外出联系，不久问题便迎刃而解。公司资金周转严重失灵，急需贷款，急得总经理像热锅上的蚂蚁一样。又是王女士风尘仆仆，周旋于银行之间，竟获得贷款上百万元。王女士因此备受领导器重，工资、奖金一加再加。有人试图总结王女士成功的秘诀，发现她除了具有清醒的头脑、敏捷的口才、丰富的知识和阅历及待人接物灵活之外，还和她端庄的容貌、娴雅的仪表也有很大的关系。

这就是所谓的异性效应。这种现象是建立在异性相吸的基础上的。人们一般对异性比较感兴趣，特别是对外表讨人喜欢、言谈举止得体的异性感兴趣。这点女性也不例外，只不过不如男性对女性那么明显。有时为了引起异性注意，男性还特别喜欢在女性面前表现自己，这也是"异性效应"在起作用。

在求人办事时，异性效应是普遍存在的心理现象，但各自的表现程度有所不同，有的人表现得比较明显，有的人则表现得比较含蓄，还有的人表现出与异性效应相反的结果。了解和注意了这种效应的存在，将有利于事情的顺利进行。

如今的社会还是一个男性占很大优势的社会，外出办事多数要和男性打交道，由女性出面较为顺利。这便是心理学上所谓的“异性效应”。

虚荣是深层次的心虚

虚荣心是一种常见的心态，因为虚荣与自尊有关。心理学上认为，虚荣心是自尊心的过分表现，是为了取得荣誉和引起普遍注意而表现出来的一种不正常的社会情感。当自尊心受到损害或威胁时，就可产生虚荣心。

虚荣心就是为了达到吸引周围人注意的效果，以满足自己所谓的自尊心。因此，为了表现自己，常采取炫耀、夸张，甚至戏剧性的手法来引人注目。

据报道，某市曾发生过一起重大的偷窃案，作案者是两个学生。他们为了追求物质享受，向其他的同学炫耀，在虚荣心的驱使下，偷拿了自己家中的十万元钱，并在短短的三天之内便花光了所有的钱。

他们买名牌的衣服，到高级饭店吃饭，住豪华旅店，并且还专门包下一辆车带着他们四处享乐、炫耀，真是奢侈至极。

其中一位学生叫张逸德，其实家境并不宽裕。爸爸失业后改做小生意，妈妈的身体一直不好。所以，逸德从小几乎没有得到过母爱。

虽然家庭环境不好，但爸爸从来不让逸德在生活上受委屈。凡是别的孩子有的，逸德都会有。他觉得孩子已经缺少了母爱，如果在物质生活上再比别人差，那就太可怜了。所以，爸爸平时总是省吃俭用，而对逸德提出的要求却从不拒绝，因而使他在同辈之中，总有“走路有风”的帅劲。为此，他也十分得意。

再加上从小学到初中，逸德的学业成绩一直很好，在爸爸和老师的眼里，逸德始终是一个好孩子。

但是，自从逸德上了高中之后，情况发生了很大的变化。高中同学的家境和他初中、小学同学落差很大。现在，同学的父母都是高收入者，花钱如流水，身上穿的都是名牌，用的也是精品。相较之下，逸德显得非常寒酸，以前的优越感再也没有了。

由此，逸德产生了严重的心理失衡。他不甘心落于人后，于是每次回家都向爸爸要很多钱，来满足他的虚荣心。起初，爸爸总是大方地给他。但后来爸爸实在负担不起，好几次都拒绝了他。

逸德知道父亲再也不能给他什么了，所以就动起了歪脑筋："别人有的我为什么不能有，这不公平。"

在这种想法的驱使下，逸德开始偷同学的钱，好几次都没被发现，这更增加了他的侥幸心理。在金钱的诱惑之下，他越陷越深，最后伙同另一位同学作案，被警察查获，受到了法律的制裁。

"逸德事件"发人深省。他为什么会从一个听话懂事的孩子变成一名罪犯呢？这不得不引起人们的深思。

虚荣心是人的一种心理缺陷，是一种不良的心理反应，对人的危害是极大的。虚荣心严重的人常常将名利作为支配自己行动的内在动力，总是依据他人对自己的评价来行动，从不会客观地考虑实际的需求，心里想的只是面子，总是想做给他人看。你想，人活这一辈子，只是要炫耀给人看，那人的生命还有什么意义？

心理学家告诉我们，主要是虚荣心作祟。虚荣的深层心理是心虚。虚荣只是一种补偿作用，以竭力追慕浮华来掩饰心理上的缺陷。表面上追求面子，打肿脸充胖子，内心却很空虚。一方面，在没有达到目的之前，为自己不尽如人意的现状所折磨；另一方面，即使达到目的，也唯恐自己的真相败露而恐惧。一个人如果永远被这来自两方面的矛盾心理所折磨，他们的心灵总会是痛苦的，完全不会有幸福可言。

虚荣的人被智者所轻视，被愚者所倾服，被阿谀者所崇拜，被自己所奴役。

饥饿疗法，延迟满足孩子的要求

从心理学上分析，每个人对来之不易的东西都会倍加珍惜。这是人性的特点，即使孩子也是这样。

我的一个朋友，丈夫在美国深造，她独自带着儿子在国内生活。因为丈夫不在身边，她也常常要出差，所以只得把当时正上小学的儿子小明交给奶奶照顾。在儿子的教育问题上，她对婆婆只有一个要求，那就是“千万不要宠着他，能不花的钱就不要给他花”。

一天，婆婆来电话说：“你哥哥让他家女儿学书法，请了一个家庭教师。小明也想学，要不我给他交点学费，让他们一起学？”我的这位朋友没有同意。过了几天，她的母亲又打来电话说：“我看孙子是真想学，每次姐姐学书法，他都在门外偷偷地听。”但即使这样，我的朋友还是没有同意。

第三次，朋友的儿子自己打来电话，一边哭一边委屈地说：“院子里好多小朋友都学书法呢，我也想学。但是，姐姐的老师不让我听课。妈妈，你就让我学吧，我一定好好写，我一定要写得比其他小朋友都好。”这一次，我的朋友同意了，用她的话说是“火候到了”。

于是，她让婆婆给她儿子交了学费，开始让儿子学书法。这孩子学得格外认真，练习也非常自觉，从不需要大人督促。渐渐地，院子里学书法的小朋友大部分都半途而废了，而他却一直坚持了下来，直到取得了证书。

我的这位朋友经济状况很好，但她在儿子的教育问题上一直采取这种“饥饿疗法”。她的儿子如今已是北京大学的学生，不仅学业优秀，而且朴实善良，乐于助人。谈及自己“教子有方”，朋友总爱说一句话：“只有对得来不易的东西，一个人才会懂得珍惜。就算是小孩子，也一样。所以，得让孩子多受点挫折，太一帆风顺了不是好事。”

这个朴素的道理，很多人都懂，只是常常被人忽视了。

理论学家和心理学家艾里克森博士认为，当孩子的要求得到满足，他就会信任周围的人；反之，则不信任自己和其他人。也就是说，满足孩子的合理要求，可以培养他的信任感和自信心。事实上，越来越多新奇有趣的玩具，越来越多花样翻新的游艺活动，越来越高水准的物质生活，孩子的每一个要求都能及时得到满足……但是，为什么越来越多的孩子对幸福的感觉变得那么淡漠？这就是因为父母一味地满足孩子的要求，反而降低了孩子的幸福感。由此可见，父母的包办和满足对孩子来说只意味着不必动手就可以得到一切，孩子提出要求，父母马上满足，形成了对孩子有求必应的习惯，只会让孩子心理脆弱，经受不了打击。反之，延长实现要求的时间，孩子有“来之不易”的感受，并在等待的过程中增强了心理素质。所以，我们可以延迟满足孩子的要求，哪怕是孩子的合理要求，我们也不要总是及时满足，让孩子感受过期待后，才会尤其珍惜这得之不易的东西。

每个人对来之不易的东西都会倍加珍惜。如果用这样的方法来教育孩子，那么定会让孩子在兴趣的基础上取得不错的成绩。

亲和效应

所谓亲和效应，是指人们在交际应酬中，往往会因为彼此之间存在着某种共同之处或相似之处，从而感到相互之间更加容易接近。这种接近会使双方萌生亲密感，进而促使双方进一步相互接近、相互体谅。

进一步来说，也就是每一个人都有一定的心理定式。所谓心理定式，是指一个人在一定的时间内所形成的具有一定倾向性的心理趋势。即一个人在其过去的已有经验的影响下，心理上通常会处于一种准备的状态，从而使其在认识问题和解决问题的过程中带有一定的倾向性和专注性。

一般说来，在人际交往和认知过程中，人们的心理定式可分为肯定与否定两种形式。前者主要表现为对于交往对象产生好感和积极意义的评价，后者则主要表现为对于交往对象产生反感和消极意义上的评价。

人们在人际交往中往往存在一种倾向，即对于自己较为亲近的对象，会更加乐于接近。这里的“较为亲近的对象”，往往是指那些与自己存在某些共同之处的人。这种共同之处，可以是血缘、姻缘、地缘、学缘或业缘关系，也可以是志向、兴趣、爱好、利益，还可以是彼此共处于同一团体或同一组织。我们通常把这些较为亲近的对象称为“自己人”。

毋庸置疑，在其他条件相当的情况下，人们对自己人的心理定式往往是肯定的，“自己人”之间的交往效果也就更为明显。因此，在交往中，交往双方都应当努力创造条件，形成双方的共同点，从而使彼此都处于“自己人”的情境之中。

历史上有这样一个故事：有一年闹蝗灾，为了消除蝗灾，保护老百姓的庄稼，唐太宗举行了盛大的祭天仪式，而且当众把一只蝗虫吞下，并很动情地说：“上天啊！让虫子吃我的心肝吧，不要吃老百姓的庄稼了。”老百姓一听：“啊！皇上是我们自己人！”全国老百姓都被这件事感动得热泪盈眶。在人民丰收欢庆时，唐太宗又到一个农家，尝一口农家饭，表示与民同乐。这同样让百姓感到皇上与百姓心连心。

君民达到了这样一种同甘共苦的境地，君王必然会赢得人民的拥护，势必会保证他在位期间的国家富强，人民安居乐业。

由此可见，在人际交往中，如果你能让对方把你当成“自己人”，那么，你也很容易让交往对象对你形成肯定式的心理定式，从而更加容易让对方发现和确认自己值得肯定和引起对方好感的事实。所有这一切，反过来又会进一步巩固并深化自己和肯定引起自己好感的事实，同时也会进一步巩固并深化对方对自己原来已有的积极性评价。在这一心理定式的作用下，“自己人”之间的相互交往与认知必然在其深度、广度、动机、效果上，都会超过非“自己人”之间的交往与认知。由此可见，人们在与“自己人”的交往、认知之中，肯定式的心理定式发挥着一定的作用，而这也往往会成为操纵人心的一种计谋。

在现实生活里，我们往往更喜欢与那些与自己志向相同、利益一致，或者同属于某一团体、组织的人做朋友。

邻里效应

《南史》上记载了这么个故事：有个叫宋季雅的人，为了有个好邻居，情愿出十分昂贵的房价，买下一幢房子。有人说太贵，宋先生却说："不贵，这100万元买屋，另外1000万元是买邻的。"宋先生为什么不惜重金买好邻？因为他懂得，有了好邻里，等于为自己增添了左膀右臂。

生活中，经常出现一些"近水楼台先得月"的事情。这个现象，在心理学上被叫作"邻里效应"。心理学家曾做过一个关于"邻里效应"的实验。

20世纪50年代，美国社会心理学家对麻省理工学院17栋已婚学生的住宅楼进行了调查。这是一些二层楼房，每层有5个单元住房。住户住到哪一个单元，纯属偶然，哪个单元的老住户搬走了，新住户就搬进去，因此具有随机性。调查时，所有住户的主人都被问道：在这个居住区中，和你经常打交道的最亲近的邻居是谁？统计结果表明，居住距离越近的人，交往次数越多，关系越亲密。在同一层楼中，和隔壁的邻居交往的概率是41%，和隔一户的邻居交往的概率是22%，和隔三户的邻居交往的概率只有10%。多隔几户，实际距离增加不了多少，但是亲密程度却有很大不同。

由此可见，与人交往得越多，你们的关系就越亲密。有个心理学家开过这样一个玩笑，他说："如果你想追一个女孩子，千万不要每天都给她写信，因为她有可能因此而爱上邮差。"

因此，我们要想与人建立亲密关系，需要主动与人多接触、多联系。每与人多接触一次，他人对你的印象就更深一点。这往往也是操纵人心的一种方法。

王丽自小住在单元楼里，过惯了清净的日子。结婚以后，住进了四合院，她感觉到非常不习惯。这个环境太吵了，大人叫、小孩闹，总是没有消停的时候。

一天，邻居家里盖房，这就使得本来局促的院子更加狭窄了。王丽很生气，出去阻止，双方吵了起来，从此结下了“梁子”。今天你把我家的自行车扎破了，明天我就把你家的室外天线扯断。平时碰见了，也跟仇人似的。王丽真的不想再见到他们，她觉得自己真是碰到了一户“恶邻”。不过，最近发生的一件事情让她对邻居的态度发生了改变。

这天是周末，丈夫在单位加班，只剩下她和年迈的婆婆在家。忽然，婆婆的老毛病发作了，呼吸急促，脸色焦黄。这可把王丽吓坏了，她赶紧打电话给丈夫。然而，丈夫单位离家很远，赶回来要很长一段时间。老人的病情可耽误不得，丈夫让王丽赶紧去找邻居帮忙。王丽有些犯难，彼此仇人似的，人家肯帮吗？可是，救人要紧，她赶紧去敲邻居的门。邻居一听，二话不说，赶紧跑到屋里，将老太太背起来就往外跑。到了医院，医生马上抢救，老太太终于脱离了危险。这时，王丽的丈夫赶来了。医生说，幸亏救得及时，要不真就危险了。

王丽和丈夫对邻居千恩万谢，邻居只是说了一句：“没啥，住在一起，应该的。”

我们经常挂在嘴边的一句话是“远亲不如近邻”，意思是说，邻里之间虽然没有亲戚之间的血缘关系，但时间长了，也会有唇齿相依的关系。生活中，遇到像王丽婆婆这样的突发状况，求助邻居显然是最有效的途径。因为亲朋好友虽然愿意相助，但远水解不了近渴。

从社会感染的特征去看“邻里效应”，显而可见的是，在邻近的人群中发生的“邻里效应”也总是在非强迫性、无压力感的条件下产生，在不知不觉中发生的情感和行为变化。由此我们说，社会感染乃是“邻里效应”产生的一大社会心理机制。

但是，能不能说，在邻近的人群中就一定能发生正常的“社会感染”，产生良好的“邻里效应”呢？你自然会想到一个最简单的事实是：自己所喜欢的人，往往是邻近的人；而自己所厌恶的人，也往往是邻近的人。这该如何理解呢？

为此，社会心理学家请你从社会感染的心理分析入手，去看看正常“邻里效应”产生的必要条件。这个必要条件之一，就是受感染者与发出刺激者要有“相邻的背景”。

第一，情境上要相邻。如果两个人在物理的、社会的和个体心理的状态这些情境方面大不相同，彼此就很难有效感染。试想，你家在举杯庆贺你新婚之喜，邻居却遇到亲人去世，情境迥然不同，感染也就“短路”了，有什么正常的“邻里效应”可言？

第二，态度、价值观相邻。在同一种刺激面前，两个态度、价值观不同的人，其情绪感染和行为感染的情况也会大不相同。比如，在音乐茶座听流行歌曲，一些价值观相邻的青年可能发出怪声，互相感染，干扰秩序。但也有人认为，这不文明，因而较少受这部分青年的感染。

第三，社会地位相邻。这很容易理解。社会地位不同的人，即使是邻居关系，也难以对某些事情产生同样的情绪和行为。而社会地位相邻的人之间，彼此心理距离邻近，具有某种信任感，感染也就容易发生。对立的社会地位产生对立的思想意识，“仇人相见，分外眼红”，他们之间的情绪和行为感染自然会遇到巨大障碍。

第四，情感上的相邻。某些邻里关系紧张的人，虽然住所相邻，但他们在情感上却处于对立的状态，感染的“电路”大多是通向“负极”，“邻里效应”也就往往进入恶性循环的轨道。是的，“循环反应”正是社会感染的最重要机制之一。在社会感染的过程中，别人的情绪会在自己的身上引起同样的情绪。反过来，这种情绪又会去加强对方的情绪。如此互相刺激，强化着彼此的反应。一方面，良好的情绪和高尚的行为进入这种“循环反应”的轨道，会引起良性循环，给邻近人群间的角色扮演者带来有益的“邻里效应”，产生情绪和行为的升华；另一方面，不良的情绪和错误的行为一旦进入“循环反应”的轨道，则会引起恶性循环，给邻近人群间的角色扮演者增添有害的“邻里效应”，导致情绪和行为的堕落。

每个人都要时刻注意身边的“邻里效应”，做到强化其良性影响，防止其恶性影响。

鸟笼效应，利用思维定式操纵人心

鸟笼现象是一个很有趣的心理现象，而鸟笼逻辑来源于一个故事。

甲对乙说："如果我送你一只鸟笼，并且挂在你家中最显眼的地方，我保证你过不了多久就会去买一只鸟回来。"乙不以为然地说："养只鸟多麻烦啊，我才不会去做这种傻事。"于是，甲就去买了一只漂亮的鸟笼挂在乙的家中。

没想到的是，只要有人看见那只鸟笼，就会问乙："你的鸟什么时候死的？为什么死了啊？"不管乙怎么解释，客人还是很奇怪，如果不养鸟，挂个鸟笼干什么。

最后，人们开始怀疑乙的脑子是不是出了问题。乙只好去买了一只鸟放进鸟笼，这样就比无休止地向大家解释要简单得多。

这种被别人用习惯思维的逻辑推理误解，并且最终屈服于强大的惯性思维的事情，生活中并不少见。

鸟笼效应产生的原因是人们头脑意识中的思维定式在引导着人的行动。

何为"思维定式"？"思维定式"就是人们在学习和工作中，由于经常反复思考同类或类似的问题，时间长了往往会形成固定化的思维模式。这种思维模式就是我们通常所说的思维定式，也就是一般人的一般思维。

当然，鸟笼效应也有其积极的一面。它为我们提供了先人的经验，这些经验是很宝贵的东西，可以帮助我们规避生活、工作中遇到的麻烦。但是，它的消极性也是不容回避的。鸟笼效应容易使人们陷入思维定式的圈套，使得人们在处理问题的时候，往往不加分析地进行接受，过分地迷信经验、依赖经验，形成固定的思维模式。这时，鸟笼效应也就成了枷锁，形成瓶颈。

所以说，如果你想成功操纵别人，就必须打破这种思维定式，反向运用鸟笼效应原理，这往往会收到意想不到的效果。

有一所学校，每年都要举行一次智力竞赛。这一年，智力竞赛又拉开了序幕。报名参加比赛的有几百名学生，竞争非常激烈。终于，百里挑一，全校选出了6名最聪明的学生，大家都等着看哪一位能获得第一名。

校长把参加决赛的6名选手带进了教学楼第一层，指着6间教室，又指指大门，说："我现在把你们分别关在6间教室里，门外有人把守。我看你们谁有办法，只说一句话，就能让门外的警卫把你放出来。不过，有两个条件：不准硬闯出门，这是其一；其二，即便放出来，也不能让警卫跟着你。"校长说完，微微一笑："好了，孩子们，请吧！"

6位学生各自走进了一间教室，思考着如何用一句话，就能让警卫叔叔放自己走出大门。然而，3个小时过去了，却没有一个人发出声响。正在这时，有个学生很惭愧地低声对警卫说："警卫叔叔，这场比赛太难了，我不想参加这场竞赛了，请您让我出去吧。"警卫听了，打开了房门，让他走了出来。看着这个临阵退缩的小家伙垂头丧气地走出了大门，警卫惋惜地摇摇头。

然而，走出大门的小家伙随即又回来了。他走到大厅里，对校长说："校长，您看，按您的要求，我办到了！"校长伸出手，一把抱起这个孩子，高兴地说："孩子，你是这次竞赛的胜出者！你是最聪明的！"

此例中的主人公运用了逆向思维，以退为进，很轻松地赢得了"最聪明的孩子"的称号。

逆向思维最宝贵的价值，是它对人们认识的挑战，是对事物认识的不断深化，它不同于一般的形式逻辑思维，它要求人们跳出单向的线性推导路径，在逻辑推理的尽头突然折返，思路急转直下，堪称操纵他人的一门精湛技术。

人们习惯于沿着事物发展的正方向去思考问题并寻求解决办法。其实，对于某些问题，尤其是一些特殊问题，从结论往回推，倒过来思考，从求解回到已知条件，反过去想或许会使问题简单化，使解决它变得轻而易举，甚至因此而有所发现，创造出惊天动地的奇迹来。这就是逆向思维的魅力。

自我心理操纵术

众所周知，作为万物之灵的人，既有生物属性，亦有社会属性，是有着丰富思想感情的，所谓“形具而神生，好恶喜怒哀乐藏焉”。因此，人会患生理疾病，心理上也可能出毛病。然而，人又有一种天生的自我心理操纵术，用以保护自己脆弱的心灵。这些自我心理操纵术主要有以下四种：

第一，否定作用。

有一位妇女，自幼父母双亡。后来，结婚生有一女，她极为疼爱。但非常不幸，女儿因车祸意外死亡。当有人来家里告诉她这个消息时，她不肯相信，也不去认尸，坚持认为弄错了人，女儿没有死，放了学就会回来。下午，她照常烧好女儿最喜欢吃的饭菜，摆好碗筷，等待女儿回家吃饭。到了晚上，她仍照往日习惯，为女儿铺好床，好让女儿一回来就可就寝。她不准丈夫或任何人提及女儿已死的事，也拒绝去办丧事，坚信女儿一切都很好。

显然，这位妇女精神已崩溃，对女儿已死之事完全予以否定，欲通过否定作用来避免这件事所带给她的打击和痛苦。

应当注意的是，我们在日常生活中常常会有意去否定许多事实。诸如，问某一年轻姑娘：“你有没有男朋友呀?”该姑娘会不好意思，脸红否定说：“我才没有男朋友呢!”其实，她已有男朋友，而且快订婚了，只是不好意思而有意否定。这种连自己也能意识到的自我否定现象，并非潜意识中的否定。所以，不算是心理防卫机制所指的“否定作用”。真正的否定作用是在潜意识情况之下进行的，不但否定事实，而且真的相信没有发生，有时会达到妄想状态，便成为“精神病”症状了。

事实上，否定作用并不能使我们完全否定问题存在的事实，只是使我们否定对这些问题存在的注意力而已。不过，有时否定的心理防卫机制可以说是一种在心理压力中保卫自己的方法，可以给人多一点时间考虑与做决定。然而，不可忽略的是，否定作用在一般行为表现上，足以妨碍人们对问题的适应，因为其机制是躲避问题以代替面对问题。

第二，潜抑作用。

所谓“潜抑作用”，是指把不能被意识所接受的念头、感情和冲动不知不觉抑制到潜意识中去的一种心理防卫术。它是各种心理防卫机制中最基本的方法。一般而言，人们都具有将一些所不能忍受或能引起内心挣扎的念头、感情或冲动，在尚未为人觉察之前，便抑制、存储在潜意识中的倾向，以使自己不至于知道，保持心境的安宁。这些存储在潜意识中的念头、感情和冲动，虽不为人知，却可能不知不觉地影响到人们的日常行为，使人往往做出些莫名其妙的事情来。

换句话说，潜抑作用乃是把不愉快的心情，在不知不觉中，“有目的地忘却”，以免心情不快。它与通常所谓的“自然遗忘”，即因记忆痕迹的消灭而自然忘掉的情形性质不同。与压制作用也不一样，压制作用是指有意识地抑制自己认为不该有的冲动与欲望的行为。

有个女孩子常常在傍晚突然惊叫，接着在地上打滚，大吵大闹，有时甚至做出一些怪动作，像跳舞一般在地板上跑来跑去。每次发作一两个小时，夜夜如此，持续了好几个月。家里人束手无策，只好带她到心理门诊求治。施治者问及病因是什么，求治者一概回答：“不知道，忘掉了，我也不知道怎么回事，只是每到傍晚，就自然发作。”

施治者运用催眠术，让她保持浅睡眠状态，然后与之谈话，再问以同样的问题。结果，求治者在蒙眬状态中，慢慢说出了她第一次生病的情形。原来，这个女孩的父亲非常疼爱她，管束得也比较严，不让她随便外出或与男性交往。生病那天，她早已与一位朋友约好了出去跳舞。本来准备到了傍晚，乘父亲不在时偷偷溜出去与朋友会合。不巧，当天晚上吃过晚饭之后，她父亲一直坐在门口看报纸，寸步不离，所以无法出去赴约。她一方面害怕父亲，不敢开口向父亲要求出去；另一方面，又担心朋友会一直站在外面等，于是心里非常着急。在这种越等越急的情况之下，她忽然大声叫，大声闹，在地上打滚，四处乱跳。自此之后，每到傍晚，便自然感到焦灼不安，然后就发作起来，但已将第一次发病的病因“忘”得一干二净。

第三，转移作用。

转移作用是指把对某一方的情绪反应转移到另一方的心理防卫术。这是人们常有的倾向，即把自己对某一对象的情感，如喜爱、憎恶、愤怒等，由于某种原因无法向其对象直接发泄，而转移到其他较安全或较为大家所接受的对象身上。

一位丈夫在办公室里受到了上级的责备，生了一肚子的气，因工作关系而不敢发作，只好忍气吞声。但一回到家中，他就可能会对妻子粗声粗气，甚至发一阵子脾气。而做妻子的感到莫名其妙，一肚子火没处发。刚好小儿子在旁边，便顺手给了儿子一巴掌。儿子平白无故地挨了一巴掌，满腔愤怒，真想回敬一下，但孩子当然不能打妈妈。回头一看，小花狗正在摇尾巴，孩子走过去抬起脚就给了小花狗一脚……

本来是丈夫受了上级的气，转来转去，最后发到了小花狗身上。尽管怒气没有发到本来的对象身上，但因为得到了转移，出了气，心情也就舒展多了。这是因为，对某一对象的情感、欲望或态度是不为自己或社会所接受的。所以，把它转移到另一个可以接受的对象身上，以减轻自己精神上的负担。这便是“转移作用”。一般说来，人们所转移的对象与原来的对象有相似关系，具有代替的性质。像小孩子喜欢吮奶头，长大了没有奶头可吮，便改为吸吮手指头，再大一点时改为咬笔尖，更大时变成抽香烟或嚼口香糖，就是一个明显的例子。

有一位母亲带着她 2 岁的孩子，来找心理医生咨询。最近，她发现孩子常常抱着自己的小枕头到处跑，怎么打骂都不听。同时，不管在家里还是在外面，常常吵着要枕头，并且常用手指头捏着枕头的角，玩个不停。如果妈妈带他外出，他非要拖着一个枕头不可，使妈妈又气又急。后来，心理医生从妈妈那里了解到：这个孩子出生不到半年，妈妈的父亲突然得了重病，为了照顾其父亲，只得把小孩留在家里让丈夫照顾。在这一段时间里，每当小孩哭的时候，丈夫就扔一个枕头让他抱着玩。因此，他无形中养成了习惯，把枕头角当成奶头吮吸，或用手指头去玩弄，把对母亲的依恋转移到了枕头上。

第四，抵消作用。所谓“抵消作用”是指以象征性的事情来抵消已经发生的不愉快的事情，以此补救其心理上的不舒服的一种心理防卫术。健康的人常使用此法以解除罪恶感、内疚感和维持良好的人际关系。如一个小孩会说“对不起”，或以乖的表现来弥补他的错误行为。一个小孩长大之后，同样会在适当的时候继续以这种表示歉意的方式来补偿自己的不当行为。

一位性心理变态者在一个偶然的机会里，与家里养的动物性交，出现了所谓“恋兽癖”的行为。自从此事发生之后，他内心一直感到惭愧，而且还担心染上疾病。所以，他就天天用肥皂、药水洗澡、洗手。他之所以拼命洗手，其用意即想以此象征性的动作来洗净其心中的邪恶之感。实际上，洗手对已发生之事毫无补救，但心理上却有抵消的作用。

另一位病人，一次不慎说错了话而出了纰漏。以后，他每说一句话，就倒抽一口气，表示已把刚才说的话收回来了，不算数，或用手蒙住嘴，表示我没有说，这样心里就踏实多了。

生活中，人不可避免地要遭遇挫折，造成心理上的创伤。然而，人又有一种天生的自我心理防卫机制，用以保护自己脆弱的心灵。

第三篇

职场操纵术：规避职场风险，聚集最高人气

职场看似风平浪静，其实暗涌潜流，稍有不慎，就会掉入职场中竞争对手设下的陷阱。因此，要想在职场中立足，必须懂得职场操纵术。所谓“事事洞明皆学问，人情练达即文章”，只有领悟透了职场的操纵规则，才能步步高升、薪水不断，从而决胜职场。

软硬兼施，双管齐下

人身体的构造，既有坚硬的部分——手、脚、骨骼等，也有柔软的部分——肌肉、软组织等。只有将二者有机结合，人才能灵活自由地从事多种活动。作为领导，说话办事时应该软中有硬、宽严相济，从而达到最佳效果。

唐太宗去世前夕，曾故意把已经负有辅佐太子重任的宰相李绩贬官。他告诉太子："李绩是有能力辅佐你的，但他是我手下的功臣，是前朝元老，而你跟他并没有什么恩惠相连。因此，他难免会摆出桀骜不驯的样子，使你难以驾驭。所以，我才故意贬谪他。你继位后，可即刻让他官复原职。他便会对你感恩戴德，忠实地效命于你。"

果然，唐太宗逝世后，太子李治继位的当日，就让李绩复任宰相。李绩对新皇帝的感激之情溢于言表，从此，忠心耿耿，不复二心。

从这个例子中可以看到，在管理下属的过程中，光有软的或光有硬的似乎都不妥，最高明的则是软中有硬。我们可以把领导者的"发威"视为"硬话"，而把领导者的"施恩"视为"软话"。软硬兼施，双管齐下，因人因事而采取相应的措施。

善于发威的领导者应该深知，"威"虽然是对众人而发，但对个别人而言，应该有不同的做法。"软"和"硬"是相对而言的，不可千篇一律。

孔夫子曾经说过："人之初，性本善。"作为领导者，应以善为本，不论是对上还是对下，都要理智待人，建立良好的人际关系，方能显出你的大将风度，并切实做到运筹帷幄。

金无足赤，人无完人。下属难免会犯这样那样的过错。作为一名握有一定权力的上司，对待有过错的下属，无非是既打又揉。具体说来，在"打"的时候心要黑，要敢打，并且打在他的痛处；"揉"的时候脸要厚，让下属体会到你对他发自内心的关心。

员工表现得好，领导就应公开给予表扬，使其在众员工面前脸上有光；

反之，就私下批评，也使其有面子。领导只有这样，才能使其员工信心十足，努力为企业效力。

美国某公司一位高级主管由于工作严重失误，给公司造成1000万美元的巨额损失。为此，这位主管心里非常紧张。第二天，董事长把这位主管叫到办公室，通知他调任另一同等重要的新职。这位主管大吃一惊，问道："为什么没有把我开除、降职?"董事长平静地回答："若是那样做的话，岂不是在你身上白花了1000万美元的学费?"这出人意料的一句激励话，使这位高级主管从心里产生了巨大动力。董事长的出发点是：如果给他继续工作的机会，他的进取心和才智有可能超过未受过挫折的常人。后来，这位高级主管果然以惊人的毅力和智慧，为该公司做出了卓著的贡献。

作为下属，当他出现失误后，本身肯定会自责，同时也在怀疑会不会失去上司的信任。因为下属明白，上司对他失去信任将意味着什么。所以，在这个时候，上司在批评斥责之后，别忘了补上一两句安慰或鼓励的话。这是因为，任何人在遭受上司的批评之后，必然垂头丧气，对自己的信心丧失殆尽，心中难免会想：我在这个单位彻底玩完了，再也上不去啦！如此造成的结果必然是他更加自暴自弃。

此时，假如作为上司的你能够既打又揉，适时地利用一两句温馨的话来鼓励他，或在事后私下对其他下属表示：我是看他有前途能干，才舍得骂他。如此一来，当受到斥责的下属听了这话以后，必会深深体会到"爱之深，责之切"的道理，肯定会更加发奋努力。

下属犯错误是难免的，领导应怎样去对待呢？那就是批评改正。批得轻，难以改正；批得重，容易形成对抗。领导的好办法就是表演一场软硬兼施的批评戏，这才是操纵有方。

第一，对认错态度好、脸皮薄的部下，不可过于严厉，点到为止，切不能伤其自尊心，丢了面子。

第二，当下属不愿认错时，领导者绝不含糊，批评斥责的目的是使部下改正缺点，今后不再犯。因此，对不愿认错的部下，一定要严加斥责。

第三，聪明的、有能力的领导在下属出现失误时，懂得站在下属的立场为他们排忧解难，当他们的挡箭牌。

批评他人必须掌握尺度，不能突破对方的心理承受能力。批评的目的是指出错在哪里，不是为个人出气，把他人整垮。批评者只是充满善意地向他人进行忠告，忠告固然就该深刻，刺激信号应到位，力争让对方认识到过错的严重而幡然悔悟。但忠告必须使人能够忍受痛苦、自责、羞愧的折磨，而不至于伤害自尊心。

总之，软与硬作为一种操纵术，或者作为一种手段策略，无论何种场合都不可偏颇。从理论上讲，软体现友善、涵养、通情达理，硬则显示尊严、原则和力量。它们作为软硬操纵术的两个方面，存在的基础应是真实与合理。否则，软硬兼施便成了狡诈，即使得势于一时，终究必吃大亏。

奖赏是正面强化手段，即对某种行为给予肯定，使之得到巩固和保持；而惩罚则属于反面强化，即对某种行为给予否定，使之逐渐减退。这两种方法，都是上司驾驭下属不可或缺的手段。

女下属如何获得男上司青睐

俗话说："萝卜青菜，各有所爱。"男上司不同，喜欢女下属的类型也不同，因为每个人的想法和眼光不同。但不论什么样的上司，他都掌握着对你的"生杀大权"。如果你让他领教自己的才学精深，体会你的忠贞不贰，享受你的崇敬美意，迅速成为他的知己，那么，你的事业坦途就开始了。

第一，成为举止优雅的女下属。男上司对女下属的看法往往会走极端，要么特别欣赏，要么深恶痛绝，而女下属的行为举止会在很大程度上左右上司的看法。你的穿衣打扮，你的谈吐，你的坐姿，甚至你说话声音的大小、微笑的表情、待人接物的态度，都会影响上司对你的判断。有的女性错误地认为，男人都喜欢漂亮、前卫、性感的女人，所以就打扮得花枝招展、浓妆艳抹。其实是大错特错了。工作以外，尽可以打扮得艳丽、纯情或者很性感，但在办公室里必须有所收敛，要衣着端庄。允许穿出一些个性，或者再加一点上司的喜好，但不能过于招摇。谈吐要张弛有度，坐姿要稳重、含而不露，站姿要优美，笑起来要生动，最好不要边说边笑，嘻嘻哈哈，待人接物要热情、周到、细致、有礼貌。

第二，做精明强干的女强人。男上司是一个单位的头，单位工作的好坏直接关系到男上司的政绩。因此，工作能力强弱是男上司对下级的一个评判标准。男上司一般都很赏识聪明、机灵、有头脑、有创造性的下属，这样的人往往能出色地完成任务。有能力做好本职工作是使男上司满意的前提，一旦被人认为是无能无识之辈，既愚蠢又懒惰，便很危险了。但我们完成工作之后，要学会把功劳让给男上司。中国人在讲自己的成绩时，往往会先说一段套话：成绩的取得，是上司和同志们帮助的结果。这种套话虽然乏味得很，却有很大的妙用：显得你谦虚谨慎，从而减少他人的忌恨。好的东西，每一个人都喜欢，越是好吃的东西，越是舍不得给别人，这是人之常情。要是你有远大的抱负，就不要斤斤计较成绩的获得你究竟占有多少份，而应大大方方地把功劳让给你身边的人，特别是让给你的男上司。这样一来，做了一件事，你感到喜悦，男上司脸上也光彩。以后，少不了再给你更多的建功立业的机会。否则，如果只会打眼前的算盘，急功近利，则会得罪身边的人，将来一定会吃亏。

第三，学会在工作中表现自己。常言道：“疾风知劲草，烈火炼真金。”在关键时刻，男上司会真切地认识与了解下属。人生难得机遇，不要错过表现自己的极好机会。当某项工作陷入困境之时，职场女性若能大显身手，定会让男上司格外器重你。当男上司本人在思想、感情或生活上出现矛盾时，你若能妙语劝慰，也会令其格外感激。此时，切忌变成一块木头，呆头呆脑，冷漠无情，畏首畏尾，胆怯懦弱。这样一来，男上司便会认为你是一个无知无识、无情无能的平庸之辈。但需要注意的是，让功一事不能在外面或同事中张扬，否则还不如不让功的好。对于让功的事，让功者本人是不适合宣传的，自我宣传总有些邀功请赏、不尊重男上司的味道，千万使不得。宣传你让功的事，只能由被让者来宣传。虽然这样做有点埋没了你的才华，但你的同事和男上司总会一有机会便设法还给你这笔人情债，给你一份奖励的。因此，做善事就要做到底，不要让人觉得你让功是虚伪的。

第四，具备强烈的进取心。说到底，女下属要有强烈的进取心，好学，上进，勤奋，工作有股子拼劲。多数男上司有这样的想法，就是女人和男人不同，女人比较重感情，一旦认定了哪个男上司，就会很忠诚，再苦再累也不叫屈，撵都撵不走。而男人就不同了，即便委以重任，也时常会心猿意马，不知哪天会撂挑子远走高飞。因此，男上司会把一些比较重要的工作放在有“野心”的女下属身上，培养、提拔、重用。居家型的女下属，男上司多数不喜欢，因为看不到希望。

第五，成为男上司的“贴己人”。男上司对下级最看重的一条就是是否对自己忠心耿耿。比如，一些单位的司机都是男上司的“贴己人”。如果不是“贴己人”，一些在车上的谈话、办的私事被说出去，会造成负面影响。因此，要成为男上司的“贴己人”，就要经常用行动或语言来表示你信赖、敬重他，男上司在工作中出现失误，千万不要持幸灾乐祸或冷眼旁观的态度，这会令他极为寒心。能担责任就担责任，不能担责任可帮他分析原因，为其开脱。此外，还要帮他总结教训，多加劝慰。持指责、嘲讽的态度更易把关系搞僵，使矛盾激化。那样，你就再不要指望男上司喜欢和器重你了。那么，如何做一个使男上司喜欢的人呢？首先，要忠于男上司，向男上司请教，才意味着“孺子可教”，而不能在男上司面前吹牛皮，与男上司计较个人的利益得失。

其次，要在关键时刻为男上司挺身而出，把功劳让给男上司，而不可张扬你对男上司的善事。最后，与男上司交谈时，不可锋芒毕露，不要在背后议论男上司的长短。

职场女性，入局要有术。女性在职场与男上司相处，最关键的一点是要博得男上司的信任，设法获得他的青睐。如果做到了以上这些方面，那么，男上司自然会对女下属欣赏有佳，而这也就在无形之中帮助你成功地操纵了你的上司，你的前途也会一路平坦。

在职场上与上司相处，最关键的一点是要博得上司的宠信，设法成为他的心腹。俗话说，背靠大树好乘凉。

女性取法于水，应对男同事的攻击

“天下莫柔弱于水，而攻坚强者，莫之能胜。”俗话说，女人是水做的。所以，女性在职场中就具备了一个巨大的优势，那就是女人特有的柔性美和看似无力实际上却是强大无比的力量。

女人在职场与同事相处，不妨采取“取法于水”的策略，来对付男同事的恶意攻击。

工作中，经常会遇到这样一种男同事。他们喜欢尽最大可能去攻击和指责别人，或者散布一些谣言，或者当面辱骂别人，等等。遇到了这种情况，作为女性的你要不要针锋相对地予以回击呢?

在考虑与选择你的行为方式以前，应该弄清楚你所遇到的是不是真正的攻击。在日常生活中，以下几种情况往往被误认为是攻击：

第一，因为对某种事物持不同的看法，男同事提出了十分强烈的疑问或反对的意见。这时，如果你能够给予必要的解释与说明，矛盾就立刻得到了解决。

第二，因为你对某件事情处理不当，而对方在利益受损的情况下表示不满，提出了抗议。假如真是自己处理不妥，或者并没有失误，可是的确有不妥之处，而男同事又言之有理，虽然男同事在态度和方式上有出格的地方，也不要视为攻击。

第三，因为某种误解，使得男同事发了脾气或出言不逊。这时，你要耐心地、心平气和地把问题解释清楚，事情自然会过去。

假如你忽视了区分真假攻击的不同，常常会铸成大错。就算你能确定男同事在对你进行恶意攻击，也不用全部给予回击。

在这方面，有很多女人的做法颇值得你仿效。她们从来都是对别人的攻击采取一种容忍、不屑一顾的态度。你在与男同事相处的时候，面对恶意攻击应该不理睬他。假如你不理睬他，他还是不放松，那也不用对着干。那样做正好是“正中他的下怀”。

喜欢攻击他人的男同事，往往善于以缺德少才之功消耗大德大智之势。你和他对着干，他不但乐意奉陪，还非常恋战，非把你给拖垮了不可。因此，在这种时候，你应果断地退出。

那些喜欢攻击别人的男同事，表面上看似强大有力，实际上却不堪一击，最为脆弱。因此，遇到冒牌的强者，采取对攻是非常不值得的。

除非在十分不得已的时候，你可以出手对男同事予以有力的还击，来保卫你作为女性的尊严和人格。否则，建议女性多采用柔性的方法来处理问题。

柔性可比喻为水。水是天下之至柔，但当它渗透到土里，却会引起土坡石块的崩落，甚至使建筑物的地基松动，而渗透是不知不觉、感受不到压力却在持续进行的动作。因此，它又是“天下之至刚”！“柔性”表现在行为上，便是用客客气气、谦卑有礼的低姿态包裹你的意志。由于低姿态是和平的动作，对方若有不同意见，也找不到打击你的理由。纵然不接受你的意志，也不好与你唱反调，因为你已经在态度上十足地尊重了他。甚至你的低姿态还会引起对方“不好意思”的心理，于是只好勉强接受你的意志，向你“臣服”。因此，基于人性的考虑，“刚性”不如“柔性”，而也唯有“柔性”才是无可抵挡的。

办公室虽小，但五脏俱全。如何在办公室里巧妙地处理好各种关系，是每个职场人士必须具备的心计。其中，尤其是男女异性关系，更要慎之又慎。

鲇鱼效应，增强员工竞争意识

挪威人的渔船返回港湾，鱼贩子们都挤上来买鱼。可是，渔民们捕来的沙丁鱼已经死了，只能低价处理。只有汉斯捕来的沙丁鱼还是活蹦乱跳的。商人们纷纷拥向汉斯："我出高价，卖给我吧！"

"卖给我吧！"

商人问他："你用什么办法使沙丁鱼活下来的？"

"你们去看看我的鱼槽吧！"

原来，汉斯的鱼槽里有一条活泼的鲇鱼到处乱窜，使沙丁鱼们紧张起来，加速游动，因而它们才存活下来。

其实，这与企业经营的道理是一样的。一个公司如果人员长期稳定，就会缺乏新鲜感和活力，进而产生惰性，没有工作热情。

因此，公司老总应该为公司请来一条"鲇鱼"，让"沙丁鱼"立刻产生紧张感。这样一来，整个公司的工作效率就会迅速提高，利润自然是翻着筋斗上升。

下面的例子就是最好的证明：

美国著名企业家查尔斯·施瓦布下属的一个炼钢厂总是不能按时完成任务。为这件事，施瓦布伤透了脑筋。他前后换了好几任厂长，但没有丝毫效果。

后来，施瓦布任命了一位深得自己赏识的厂长，希望他能让那个工厂有所起色。但遗憾的是，情况仍无改观。于是，施瓦布决定亲手处理这件事。

施瓦布到厂长办公室后，问厂长是怎样管理这家厂子的，为什么不能把工厂搞出个样子。厂长说他试过许多办法，他劝过工人们，也骂过他们，甚至以开除相威胁，但全然无济于事。

施瓦布决定亲自去车间看看。他到生产车间的时候，正值白天工人要下班，夜间工人要接班。到了那里，施瓦布问一个工人：“你们今天一共炼了几炉钢?”

“6 炉。”工人答道。

施瓦布听后，没有说话。他在黑板上写了一个“6”字，转身离开了。夜班工人上班时，看到黑板上有个“6”字，十分好奇，忙问门卫是什么意思。门卫告诉他们说：“施瓦布今天来到这里，他问白班的工人炼了多少炉，知道是 6 炉后，他就在黑板上写了这个数字。”

第二天早晨，施瓦布又来到工厂，特意看了看黑板，看到夜班工人把“6”换成了“7”，便十分满意地离开了。

白班工人第二天早晨上班时，看到了黑板上的“7”。一位爱激动的员工大声叫道：“这意思是说夜班工人比我们强，我们要让他们看看到底谁最强!”当他们晚上交班时，黑板上出现了一个巨大的“10”字。

施瓦布用这种方法，使两班工人竞争起来。这个落后的工厂的产量很快超过了其他工厂的产量。

希尔顿就是靠着这种激励，在世界各地拥有了各种旅馆 200 余家，赢得了“旅馆业大王”的称号，也实现了他在全球建立“希尔顿旅馆王国”的梦想。

激励是刺激员工积极性的一种“激素”，因为重视人、依靠人的关键一条，就是激励人。有人经过调查证实，人在没有得到激励的情况下，其积极性只能发挥 60% 或 70%，而在得到激励的情况下，其积极性可发挥到 90% 以上，甚至 100%。由此可见，激励对挖掘人的积极性和潜力具有很大的作用和意义。作为一个公司的老板，必须重视激励、善于激励，学会激励的艺术、技巧和方法。就当今现代公司管理来看，能否具有激起别人发奋的能力，已成为衡量管理人的标准之一。

有人说，在管理人统御的课程中，最值得我们花些时间、精力去学习的主题只有一个，它的名字叫作“激励”。

也有人说，激励是一种仍未被大量开发的潜能。大多数的管理人终其一生只运用了不到 10% 的激励，一位好的管理人每天都得不厌其烦地反复做“激励”这件事。

有位专家将“激励”比喻成一把宝刀，有刀刃，也有刀背。用得正确，用对地方，用对时机，效果很好。反之，则可能伤到自己，危及组织。因此，管理人更须抱持着恭敬虔诚的态度，用心学习正确的激励之道。在困难时鼓励员工，使那些激励政策落到实处，能大大赢得员工们的心。无论在什么时候，他们都能与公司同舟共济，荣辱与共，推动公司发展壮大。

每个企业基本上由三种人组成：一是不可缺少的干才；二是以公司为家辛勤工作的人才；三是终日东游西荡、拖企业后腿的蠢材或废才。

找到职场贵人

常有算命先生说，“你命中缺乏贵人”或“你今年会遇到贵人”，这当然是一种迷信。不过，在职场打拼，你确实需要“贵人”相助。步入职场的人，面对激烈的竞争，经常会前行缓慢甚至举步维艰。这时候，如果能得到贵人的帮助，那么你就会在职场的道路上疾驰，抵达你梦想中的职场佳境。

那么，贵人到底是什么？而哪些人又能成为我们职场中的贵人呢？在通常情况下，我们所说的“贵人”是指某位身居高位的人，也可能是职业技能、经验、专长等各方面比我们略胜一筹的人。但有一个很有趣的理论说，世界上任意两个人之间，只要通过六个人就能联系上。如果我们不仅仅把“贵人”定义为位高权重的人，就会发现职场之上，贵人范围很广。只要有心，几乎可以说是处处有贵人。他们也许是领导，也许是同事或朋友，甚至有可能是下属。因此，要想得到贵人相助，平时在与人相识相处之时，千万不要带着势利眼和功利心，广结善缘，让大家喜欢，这是培养贵人的前提条件。

是的，贵人是需要培养的，是需要自己去争取的。要说在以前，职场里的贵人是可遇不可求的。如果有人肯在职场里提携你一程，这概率就跟中丘比特之箭差不多。可自从进入后伯乐时代，如果还用守株待兔式的方式等待贵人上门发掘你，这显然是过于被动了。于是，有人开始主动出击，在职场里寻找自己的贵人。

陈华大学毕业后，进了一所设计院工作。设计院的办公条件很好，整整占据了一层楼。从院长到普通的设计员，每个人都有单间办公室。

或许是设计院的办公条件太好了，也或许是设计工作特别需要安静的环境的原因，同事们都习惯于关起门来工作。因此，无论何时来到设计院，总是一片静谧。

可是，刚刚步出校门的陈华，却很不适应这样的环境。他在大学里是有名的活跃分子，平时总是喜欢和朋友们闹在一起，要他一个人关起门来工作，那会把他给憋死！他也希望能和同事们有更多的交流，于是，每天一到单位，他就把办公室的门开得大大的。然而，整整一周过去了，很少有人走进他的办公室。即便这样，他还是坚持每天开门办公，因为他觉得，开着办公室的门，至少在心理上不会感觉那么憋闷。

一天，终于有一位女同事跑进了他的办公室。说有批新到的书需要搬上楼来，想请他帮忙。陈华二话没说，立即跟她下楼，很快那批书一一搬上楼来。慢慢地，走进陈华办公室的同事们逐渐多起来了。当然，并不是来串门聊天，而是有工作需要他配合的。这对他来说，正是求之不得的。作为刚进单位的新人，他最怕的是无所事事。只要能和大家多交往，多做点事，即使多吃点苦，他也心甘情愿。

一个月很快过去了，他也和大家混熟了。他的办公室总是开着门，大家有什么事情需要帮忙，总是会第一个来找他。他感觉自己在院里已经不是可有可无的人了，这种感觉很好。

有一天，院长手里拿着一沓稿纸，急急地从他办公室的门前走过。看到他办公室的门开着，他突然又退了回来，问道："那个，你……"

院长显然对他还不太熟悉。他赶紧站起身来，说："院长，您好，我叫陈华，是刚刚分配到院里工作的。您有什么吩咐吗?"

"哦，你好。"院长看了他一眼，问："你打字快吗？我这里有一份材料，下午开会就要用的，得马上打印出来。我们设计院的规模并不大，因为大家都非常熟悉电脑操作，因此也就没有聘专门的打字员。平时有什么材料要打印，都是临时抓差的。"

"没问题，院长，我一会儿就能打好。"陈华胸有成竹地说。

一个小时后，等他把那份材料打印并装订整齐送到院长室时，院长对他满意地点了点头。从此以后，除了同事们经常会找他帮忙，院长也经常在他办公室门口喊一声，吩咐他做一些事，可能是因为大家觉得喊一声比敲门方便多了。

渐渐地，陈华成了设计院里最忙的人。大事小事，不用谁指派，都会自然而然地落到他的头上。等到年底院里决定提拔一名院长助理，民主推荐时，工作才一年多的陈华被大家一致提名。在大家心中，他也早已经是院长助理了。

寻找贵人就要多创造和贵人接触的机会。除了积极参加各种活动，拓展人脉之外，日常的沟通也必不可少。最直接的办法是多见面，其中见面是增进人与人之间了解的最好方式。另外，还可以多与对方通电话、发短信，有时一句问候、一声祝福也是非常温暖人心的。如果这些你都做到了，那么就算只见过一两面的人，也会保持着对你的好印象。说不定将来哪一天，就在一个关键的时刻成为你的贵人。

寻找贵人要我们在拓展人脉的基础上，也要有所选择，要多和优秀的人在一起。要被人赏识，需要让贵人能了解你这个人。所谓日久方见人心，要维护好一段关系，让人对你有所了解，是需要投入时间的。而一个人的精力与时间的分配都是很有限的。所以，最好是先想清楚自己的发展方向，再关注这个行业或这个方向上的优秀人才，去重点接近和学习。

当然了，在寻找“贵人”的阶段，除了人际关系处理技巧外，更重要的还是内涵。不知你是否想过，“贵人”为什么愿意帮你？他们凭什么帮你？如果你无德，他们还会欣赏你吗？如果你无才，他们会重用你吗？如果你不诚实，他们会选择与你合作吗？显然，这是不可能的。所以，一定要认识到“贵人”之所以帮助你，他们的出发点有很多。除了真正是基于爱才、惜才，为贵人自己的未来经营人脉之外，一般而言，贵人出手多少都带有一些私心，这里有“伯乐与千里马”的味道，往往是“爱恨交织”，既期待成功，又怕受伤害。但这种关系也往往是积极向上的。

如果你现在正打算寻找“贵人”，以下几点是你争取到自己职场“贵人”必须记住的：

第一，选一个你真正敬仰的人，而不是你嫉妒的人。绝不要因为别人的权势而想搭顺风车。当然，贵人相助时，也得摸清“贵人”帮助你的动机。有些人专门喜欢找弟子为他做牛做马，用来彰显自己的身份。这种贵人还是离他远点吧。

第二，真心与人相处。卡耐基训练负责人黑幼龙曾经说：“完整的人际关系包含三个阶段，发掘人脉、经营交情、出现贵人。”其实说起来，等待“出现贵人”的阶段，除了人际关系处理技巧外，更重要的还是内涵。贵人可能是你的上司、你的同事，甚至是你的下属。因此，绝对不要小看你身边的人。未来的贵人，其实无法一眼就看出。因此，认识人还是不要从太功利的角度出发。广结善缘、让大家喜欢，是培养贵人的第一步。

第三，把专业做到最好。很多机会其实就潜藏在你身边，这山望着那山高，眼高手低一定会错过贵人的赏识。如果你在专业领域里足够优秀，又何愁没有贵人青睐呢？

第四，与人交往一定要多花时间。人际交往不是短线投资，而是一段需要投入交流的过程。只有付出时间，才有机会让贵人看到你。急功近利往往会让你错失与贵人结识的机会。

第五，不要利用他人。没有人喜欢被人利用。贵人帮助你，多少也都希望能获得适当的感谢。“投之以桃，报之以李”，感恩是为人的基本准则。懂得感恩、学会感恩，是职场人士应该具备的基本品质。站在贵人的角度，感恩回报也是必须的。贵人与你原本不相识，他们绝对不会无缘无故地去付出；有些看似无私的付出，其实也只是回报的形式与途径不同罢了。感恩也不是送礼、拍马屁。贵人之所以帮助你，是因为他看好你，希望看到你美好的未来，也证明自己的眼光。真正的感恩是要学会换位思考，多为自己的上司着想。当贵人遇到职场危机时，要努力站出来；当自己离职时，不要一拍屁股就走人，要多考虑一下曾经帮助过、提携过自己的上司；当你的上司有家庭、有孩子时，尽量努力为其分担工作；同事是暂时的，贵人是永远的，当贵人无法帮助你再次突破时，千万不要过河拆桥而将他遗忘……

第六，你能为别人做什么。得到职场贵人帮助，最为关键的一点是你能否给对方带来价值。“先不要问别人能为我做什么，要先问自己能为别人做什么。”这是作家启斯·法拉利摸索得出的最重要的结识贵人之道。启斯·法拉利从一个劳工家庭出身的球场杆弟，一路成为顶尖企业的领导人，凭借的就是这个方法。

第七，不被自己的身份困住。如果你平凡普通、身无长物，也不要在那些成功人士面前被自己的身份困住，失去应有的自信。你只有保持本色，不卑不亢，积极主动地出击，贵人的目光才能被你的真实本色及独特个性所吸引。

第八，积极参加各种活动拓展人脉。专家建议，每个经理人至少应该参加两个以上的非正式组织：一个与专业相关，一个与专业无关。一些沙龙聚会往往是认识贵人的最好机会，而职业圈外也很可能遇到你的贵人。

很多人以为只要自己埋头苦干，一切就会水到渠成。事实上，你的功绩很可能被埋没。只有主动寻找“伯乐”的“千里马”，才能给自己创造出成就伟业的机会。

如何对付办公室小人

世上到处有小人，职场内亦不例外。如果这类人物是你的下属，治他当然很轻松。但最难搞定的小人，常来自与你没有直属关系的同事间。所以，如何操纵好他们，也是职场中的重要功课。问题在于，小人往往不易见，受害者大多疏于“不知防”；而对于看得见的小人，却又“不易治”，难以下手。

在职场中，一旦侵犯到他人的势力范围（不管你有意还是无意），就形同剥夺了人家的行事空间以及因行事之便所衍生的利益。对方为了报复你，并维护其既得利益，很可能变成小人，施展小人手段。

现实中的小人往往没有多大实际本领，甚至还有着许多无法克服的先天性的缺陷。从骨子里说，他们是自卑的。正是因为自卑，他们才心生妒忌，见不得别人好。小人使奸耍滑，工于心计。小人不管处在什么位置，都是无心专事于某项工作的；相反，他整天在琢磨人、算计人。或许你的能力比他强，或许你工作成绩比他大，或许在某个方面你有明显优势。在他看来，这些都可能对他造成威胁，尽管你与他没有任何矛盾。你在专心工作的时候，小人的眼睛已盯上了你，并且是在暗处。你全然不知，你始料不及，你甚至不知道他什么时候会突然蹿出来暗算你。小人有两大特征：一是害怕阳光；二是见不得美好。小人的“小”根源于灵魂的肮脏龌龊，根源于行为的卑鄙无耻。他们是琢磨别人的专家，他们敢于为小恩怨付出一切代价。因此，对付小人没有一套办法是不行的。

郭子仪平定安史之乱立了大功，但他并不居功自傲。为防小人嫉妒，他格外小心。一次，朝中有一个地位比自己低的官僚要来拜访郭子仪。郭子仪事先做了周密安排，因家中侍女成群，他让所有的侍女到时候都避开，不要露面。郭子仪的夫人对此举感到不理解，问为什么这么做。郭子仪告诉其夫人说，这个官僚是个十足的小人，身高不足五尺，相貌奇丑，很忌讳别人说他丑。郭子仪担心侍女见了这个人会发笑，因而让所有侍女都躲起来。郭子仪对这个官僚太了解了，在与他打交道时小心谨慎。后来，这个小人当了宰相，极尽报复之能事，把所有以前得罪过他的人统统陷害掉，唯独对郭子仪比较尊重，没有动他一根毫毛。这件事充分反映了郭子仪对待小人的办法既周密又老练。

小人骨子里装的全是个人的小算盘，不去靠积极工作提升自身的价值，却把全部心思用在暗算那些埋头实干而又缺乏防范的人身上，做梦都想踩着同事的肩膀往上爬，一心挖别人的肉补自己的疮，是极端的自私主义者。但是，办公室里这种小人大有人在。他们或许就在你身边，如果你一不小心得罪了他们，那你就有可能会跌倒在“小河沟”里。但如果你时刻提防着身边的那些小人，并与他们友好相处，那你就有可能避免小人的陷害。

虽说小人一般都心狠手辣，为达到自己的目的可以不择手段，但我们并不怕他。避开小人，是因为我们不值得把太多的精力浪费在一些没有价值的争斗上。一旦把握不好自己的行为界限，得罪小人，他就会想方设法来琢磨你，破坏你的正事，分散你的精力，使你不能安心于工作、学习和生活。所以，所有想干好正事的人都必须绕开小人。如若绕不开，就要小心提防，与其友好相处。

但你必须正视“小人”不过像是鞋子里的小砂石，倒掉就算了，你不能忘记的重点是你还走在迈向成功的漫漫长路。你真正的对手，应该是有竞争力的同事及掌控你升职进退大权的上司。或者，以自己为挑战对象，务必追求更好的表现。把眼光放远一点，你就会发现其实“小人”的存在还颇具娱乐性，算是为繁忙的职场生涯增添一点变化。因此，所有想干好正事的人都必须绕开小人，真的不要过于在意。和“小人”计较太多，只是自贬身价而已。

避开小人必须在言行举止上把握好三点：识别小人，了解他的喜好和忌讳；言行周密，不落入口实圈套，小心提防；关键时刻要步步留神，不要中小人的圈套。

伪善的面孔容易让人信服，有时我们还会去为一些虚伪的人尽心效力，被人卖了还在帮人数钱，这不能不说是人生的一大悲哀。所以，在职场生存，我们可以不聪明，但不能不小心。

上司也能被你“利用”

曾读到过这样一个故事。

王立在一家公司做销售，为了自己的发展，一定要在单位里找个“靠山”。他发现销售主管对他很有好感，很器重他的样子，王立便决定“攀附”他。

有了这个想法以后，他经常去找主管“请教”问题，汇报工作。主管似乎对他也是高看几分，总是有意无意地暗示他，让他好好干，自己会在适当时机提携他。王立很聪明，对于主管的暗示心领神会。

其实，这位销售主管能力并不强。他能爬上这个位置，完全是凭借后门的关系。看到王立能力很强，又有攀附自己之心，他觉得自己可以好好利用王立一下。本该由他撰写的销售方案，他全交给王立；王立取得的突出业绩，他全划归到自己名下；公司有个难缠的客户，谁都不愿去处理，他在领导面前大包大揽，最终却将这“烫手山芋”交给了王立，王立费尽心力“啃掉”这块硬骨头后，功劳却全是他的，跟王立没有任何关系。

王立有时也会怀疑，自己是不是跟错了人？可销售主管一番“苦口婆心”的话让他觉得自己错怪了对方。主管对他说：“你现在根基不牢，不能太出风头。否则，很容易招来别人的嫉妒。我这样做是在掩护你，等你历练成熟了，我自然会在领导面前举荐你！”于是，王立取得的“果实”一次次地被主管摘走，而他除了主管的“夸奖”，什么也没得到。

然而，一年后，主管因为业绩突出，被调往分公司当经理。王立呆住了，他顿时明白，自己完全被利用了，心中非常气愤。

读了这个故事，也许很多人会说，职场就是这样，员工就是上司升职的垫脚石。其实，任何事情都不是绝对不变的。只要你懂得操纵你的上司，那么上司也可以被你“利用”，成为你谋求发展的一棵大树。

所以，在职场里，你要记住：你不争取自己的利益，是没人会自动给你的。有的人会说，我要是从上司那里争夺利益，那不是找死吗？他可会影响我的命运啊，若得罪了他，那真是不想活了。的确，谁都知道得罪上司不是一件好事，但是你要知道，上司不是你的父母，公司也不是你的家庭，你没有必要将自己的切身利益奉献出去。要记住，你要想在这个社会中生存，就要懂得操纵他人。只有学会了操纵他人，才能保障自己，才有可能保障自己的家庭，保障自己的将来。

那么，如何操纵上司来谋求自身的发展呢？

第一，利用自己的价值。俗话说："靠山山倒，靠河河干。"谁都靠不住，最靠得住的就是自己。任何靠山都有贬值的时候，而你的能力只会升值，永远都不会贬值。有靠山的人那是先天条件好，在职业生涯的前期，他们是占尽了先机。到了后期，一旦靠山没了，他们就会败下阵来。职场的无数事实证明，有靠山的人往往止步于中层，很难更进一步的；做到高层的人，一般都是有真本事的人。毕竟，任何老板都不希望自己的下属是个有靠山、没有能力的草包。这是因为，企业要想创造出更多的价值，就需要依靠有能力的人。

第二，利用上司的喜好。在人际交往中，要想成功地利用上司，就必须时刻留意上司的兴趣、爱好，明白上司的意图，理解上司的心思，这样才能投其所好，"对症下药"。然而，上司的意图往往捉摸不定，善逢迎者必须下功夫掌握上司的心意，揣摩上司的心理，然后尽量迎合他。迎合了他的心理，你在上司那里才能打高分，上司才可能在工作中指教你、帮助你，督促你事业上的发展，为你提供心理咨询，在人际矛盾中帮助你排忧解难，从而对你的晋升助上一臂之力，而这也是你晋升最快的途径。

第三，笼络关键人物。心理学家曾对地理、化学、解剖学等 7 个领域做过研究，研究的结果是：各领域底层 50% 的人所做贡献的总和抵不过最有贡献的 10% 的人的贡献。这个结论同样适用于公司的管理。公司中的关键人物包括重要的管理人员、业务骨干，同时更应包括"非正式领袖"。所以，如果你想得到上司的肯定，那么你就不可越过关键人物这一关。只有把关键人物笼络好了，那么你才能了解上司的工作习惯、工作原则、员工的要求等方面，这样你的工作才能得心应手，才能得到上司的肯定。

第四，让上司帮你背黑锅。一个员工犯了错，上司必定有两个选择：一种方法是大义灭亲，把你牺牲掉以保全自己；另一个方法是与你绑在一起，共同面对。而这时候，如果你想保全自己，那么你必须让上司和你犯的错误发生关系。当上司与错误发生关系后，新一轮上司间的争斗开始。而此时，错误的焦点却已经不在你身上，你可以安然从职场危机里脱身。这是一个让上司来帮你背黑锅的职场技巧。但要注意的是，你必须非常小心地暗示，而不能让上司感觉到，是你在故意陷害他。

被“利用”说明你有利用价值，能利用人说明你有驾驭能力。

摆脱“菜鸟”变身“白骨精”

在现代企业中，企业从业者之间的人际关系问题让广大职场人士和企业经理人“饱受折磨”。不管是分工合作，还是职位升迁，抑或利益分配，无论当初的出发点是如何的纯洁、公正，最后都会因为某些人的“主观因素”而变得扑朔迷离，纠缠不清。随着这些“主观因素”的渐渐蔓延，原本简单的同事关系、上下级关系变得复杂起来：一个十几个人的办公室，可以有几个不同的派系，更可以产生由这些派系滋生出来的上百个纠缠不清的话题。所以，很多人把这种复杂纷繁的“办公室问题”，戏称为“办公室政治”。这个没有硝烟战火的较量，不管你累不累、愿不愿意，只要你置身“江湖”，就“身不由己”。“办公室问题”中，大到派系问题、利益问题，小到职位变化、桃色绯闻等，每一件都是直指“个人利益”“经济利益”。

古人说：“人不为己，天诛地灭。”清楚制造办公室问题的人的初衷和卷入办公室政治的人的苦处，那进入职场的菜鸟们就不必为喜欢搞办公室政治的人而恼火，为存在办公室政治的企业而绝望。唯有脱“菜”把自己修炼成职场“白骨精”，才是我们最应该做的。

那么，如何脱“菜”变“精”呢？以下几个定律必须掌握：

第一，活跃定律。领导在办公室的时候，气氛永远是“团结、紧张、严肃”不“活泼”；而领导不在的时候，气氛会变得异常活跃，可以海阔天空，说说笑笑、吹吹牛皮、聊聊足球、侃侃新闻、议议女人……可以说是无所不及。

第二，不公定律。能干的总有干不完的活儿，不能干的总是没有活儿干。干得多的人犯错误的概率就高，到头来往往吃力不讨好。少干或不干的人，往往不犯或少犯错误，给领导的印象却是个好同志。所以，在办公室里不可以不干，但别让自己太能干。

第三，加班定律。如果领导到了下班时间不走，下属就不能理直气壮地走。加班等于敬业，至于效率可以不闻不问。而领导不在的时候，加班等于白加。

第四，新官定律。新上任的领导不管见到谁都是笑容可掬，亲切有加。如果你认为新来的头儿平易近人，没有架子，那就大错特错了。几天过后，如果你还发现他没有原形毕露，眼睛朝上，目无群众，那么他可称为地球上的稀有物种。

第五，趋同定律。领导的爱好往往会成为办公室成员的共同爱好，即爱好着领导的爱好，幸福着领导的幸福，快乐着领导的快乐。所以，有时间，去试着学习领导的爱好对你是有百利而无一害。

第六，矛盾定律。人人都明白一朝天子一朝臣。因此，跟领导走得太近了不行，离得太远也不行。跟得太近了，怕站错了队，一旦大树倒掉，大难就会临头；离得太远了，好处永远轮不到，坏事少不了。所以，身在职场千万别在一棵树上吊死，要在旁边的树上多试几次。

第七，尴尬定律。苦干的不如巧干的，还有所谓干的不如看的，看的不如捣蛋的。因此，上去的不一定是能力强的，原地踏步的不一定是低能的。对此，你不服不行。而你的抱怨只会让你在原地待得更久，更有甚者还会把你踢得更远更惨。

第八，变脸定律。见到上司唯唯喏喏，这是逼出来的；见到同级嘻嘻哈哈，这是装出来的；见到群众凶凶巴巴，这是情感的自然流露。学会随机应变，因人而异，看风使舵，是职场人士的立身之本、生存之道。

第九，转移定律。领导的领导批了领导，作为被领导的你就得小心领导拿你当作“出气筒”。你要觉得窝火，可以再找被你领导的人发一通脾气，指责他“怎么搞的”！如果你没有领导的人，那就打落牙齿往肚子里咽。但是，有经验的下属在发现领导脸上阴到多云时，一般都会知趣地避开。

第十，关系定律。有本事没关系的吃苦饭，没本事有关系的跟着吃，有本事又有关系的不愁吃，没本事又没关系的看别人吃。问题在于，自认为有本事的人未必能得到领导的认可。因此，有本事和没本事的都要拼命地找关系，有了关系的则不惜绞尽脑汁巩固好关系。

第十一，竞争定律。能写的往往不如跑腿的，能干的往往不如能吹的，能说的往往不如会送的，踏实本分的不如善于张扬的，遵守制度的不如听话的，坚持原则的不如会变通的。你看你选择做哪一类！

第十二，忌讳定律。在办公室通常听不到牢骚怪话，比如报纸上登出某地又揪出了一个贪官，你只能选择腹诽，恨在心里。如大放厥词、口无遮拦地进行猛烈抨击，有人会认为你是在含沙射影、指桑骂槐。所以，你在表明自己爱和恨的同时，实际上是在孤立自己，很有可能成为他人尤其是领导设防的对象。所以，经过办公室的历练后，人人都要把握住“说古不说今，说外不说中，说远不说近”的原则。

第十三，归因定律。凡是职务上不去的，众口一词就是不会拉关系，朝中无人没后台，没有人认为自己的能力素质不够。这是最体面的理由。但在领导面前，却从来不会说自己是怀才不遇。

“人在江湖混，岂能不挨刀?”如果把职场比作“江湖”，步入职场的菜鸟们要想混得好，又“少挨刀”，知晓“江湖规矩”，把自己修炼成“白骨精”，是最为迫切的需求。

控制核心人物

我们都知道，公司不仅是一个精干的管理团队，而且还要有核心人物。核心人物在公司工作时间较长且身居核心地位，对企业贡献巨大、对其他高管有权威、对企业大股东和主管机构有影响，是其协调沟通能力的来源。

所以说，在管理和权力场上，找到关键人物，就等于你找到了关键的“点”，那整个“面”也便尽在掌握之中了。

雍正皇帝在其继位十三年的统治过程中，靠的就是对几个关键人物的利用，才始终把局势牢牢掌控在自己手中。所以，就管人的成效上说，雍正被很多人忽略了。

由于康熙帝在位时间过长，并两度废除太子的储位，致使本来就希望能获得储位，继而当皇帝的诸皇子为争夺储位展开了十分激烈的争斗，就是在康熙死后，雍正已经即位的初期，这种斗争仍然存在。雍正之所以在这场斗争中取得了胜利，主要是因为他善于利用关键的几个人才，听取戴铎的计划，组建了不大但十分有力的夺储小集团。在夺得皇位之后，又通过确立隆科多、年羹尧等为新政权的核心人物，打击朋党，稳固了政权。

雍正在位十三年，采取了一系列诸如压抑科甲出身的官员等措施，打击了官场上以师生之谊建立的朋党，比较有力地清除了康熙中后期形成的官场颓风。此外，还通过改土归流等政策，进一步巩固了清政权的统治，为“康乾盛世”的前后相承提供了有力的保障。而这一系列政策的贯彻实施又是与他善于发现关键人物，重用田文镜、李卫、鄂尔泰等大臣分不开的。

雍正皇帝生性好胜、刚毅，有时表现得比较急躁。他教诲臣下，办事要拿定主意，不能片面地瞻前顾后，游移不决。他反对优柔寡断，办事不怕艰难，不顾阻挠，认准了就干。他的这一性格，表现在政治上就是决策果断。例如，他为了推行新政策和整顿吏治，便大批地罢黜不称职的官员，同时破格引进几个真正起作用的人才，任用可用之人。别人为此批评他“进人太骤，退人太速"，他也毫不在意。正是由于具有这种坚毅的性格，他才有力地冲破了反对势力的阻挠，坚定地实施自己的政策。雍正帝在位时间虽不很长，却做出了很多重大的改革。这其中，与他本人的性格因素和操纵关键人物，赢得他们的支持是不可分割的。

而这种操纵术，对于当今的职场来说也同样适用。在一个公司中，核心人物不仅是公司决策者，执行中的决定性力量，更是团队与整个公司的支柱和精神领袖，对于一个大型的现代企业是至关重要的。

善于观察，善于发掘能为你办事的人，并且与其建立良好的关系，这是你成功办事的关键。

收服“刺儿头”，为己所用

在一个企业中，总有这样一些人物：他们极其聪明，有着鲜明的个性，不愿拘泥于形式，在奇思妙想方面有上佳表现，而且在企业中颇能“兴风作浪”。相信在每一个企业、集体和团队中，都会有个别比较难管的员工。当领导遇到这种情况时，一定要冷静理智地分析原因，摸清情况，对症下药。一方面要敢管，另一方面又要善管。倘若下属处处与你对着干，你说往东他偏往西，不仅影响工作，还会损害领导的威信。对于这样的“刺儿头”，在他们身上，一般具有以下一些共同特点：

第一，他们都有一定的工作能力和经验，有一定的工作资历，在团队中的成绩不是最好的，但也绝不是最差的。

第二，这些人在小范围内具有一定的号召力和影响力，有一定的群众基础，恃才自傲。

第三，经常和领导公开顶嘴，反对一些新的计划和制度，甚至散布一些消极思想和言论，起到了极为不好的负面影响，但绝不是有意识的，而是性格使然。

第四，爱表现自己，自由散漫，眼高手低，不拘小节，讲义气，认人不认制度。

第五，他们开朗、好动，有很好的人缘，而且那天赋的“煽风点火”的本领也使他们很善于集结群众。如果不看其他方面，单就发动人员、组织活动而言，他们也许比你更适合当领导。企业人际关系需要人们在一次次的集体合作、活动中逐渐培养形成，刺儿头似乎便成了这些活动的最好组织者。

第六，有的人有一些特殊的家庭背景。父母亲或家族中的某个成员是这个公司的上级，或者家族中的某个人位高权重，有着这样背景的人也往往会成为刺儿头。

面对这些刺儿头，作为领导，尤其是新上任的领导，如果你遇到这样的员工，就像拿着一个烫手的山芋：开了可惜，也可能会影响到大家的积极性；可不开吧，他又经常让你难堪，影响到你工作的开展和管理。该怎么办呢？其实，这并不是一件棘手的事情。只要你掌握了以下几点，操纵“刺儿头”并不困难。

首先，如果你的团队中有这样的员工，要有正确的认识。这样的员工是完全可以扭转过来的，并不是非开不可或一无是处的。用得好，他们可以起到积极的带头作用，并身体力行，甚至激发团队斗志。

其次，要有容人之心。有时候，适当的阻力是防止犯大错的预防剂。在你抱怨他们不好管理的时候，请先问一问自己：我是否具备了管理者的资格？我是否找到了有效的管理方法？

再次，你应该给他们充分施展“个人魅力”的空间，把他们从不习惯的工作中解放出来，让他们帮你策划企业的集体活动，并且委之以重任，使他们能充分施展自己的才能。企业的活力需要每个成员的创造性活动，“刺儿头”在这里可算是“急先锋”了。他们为企业引入了活跃的思维空气和自由开放的绝妙气氛，为企业的创新活动提供了良好的氛围。千万别与“刺儿头”对立起来，聪明的领导会因势利导，让他们在企业中上蹿下跳，充当活跃气氛的角色。

最后，如果这个“刺儿头”的背景不同凡响，那么，首先在这位不同凡响的员工正式上岗之前，你有必要与他进行一次较深入的谈话。这次谈话的主要目的是让你对他有一个深入的了解。把这位新手的个性、特长、缺点等进行抽象概括，以便以后能有效地驾驭他。另外，借这个机会试探一下他的口气，他是以此为荣还是无所谓；他是否愿意让周围的人知道他的这种身份；是否暗示你给予他一些特殊的照顾。应该说，这些信息都是十分重要的，你必须在明确了这些信息之后，才能决定在今后工作中你对待他们的态度和方法。

在工作中，对于一般的此类员工，你对待他们的管理就是让他们自动解除顶在自己头上的光环走到你们中间来。若即若离也许是你对待他们的最好办法，不仅如此，对待他们表扬要适度、批评要公正，有时候让他们感觉很亲切，似乎你在对他们额外照顾；有时候又让他们感觉好像你对每个员工都是这样的，在你与他们保持着这样一种若隐若现的关系时，发扬部门一贯的团队优势，以各种各样形式的活动和互相关心、荣辱与共的精神逐渐吸引他们，让他们有这样一种加入到你们中间来的渴望，并不断激发他们的这种欲望。然后，让他们亲眼看到在你的部门内具有绝对公正的竞争，每个人包括管理者都和其他人有同样的起点，你不以自己为主管而盛气凌人。

“刺儿头”的出现，正是为企业破除旧有观念，建立新秩序准备了人选。只要你合理利用他们的长处，就可以变“害”为利。通过合理引导，“刺儿头”不仅不会再是“刺儿头”，而且还会成为你的有力支持者和左膀右臂；而这样的人一旦站到你这一边，也必然会做名副其实的“贴心人”，因为他们做出任何一项选择，都是经过深思熟虑的，他们相信自己的选择，一旦决定了的事情便不会轻易改变。因此，领导能将这样的人收为“心腹”，是很值得庆幸的事，这同时也表明了领导自身的领导才能。

如果你一味姑息纵容，就难以维护在众人面前的领导形象了。但是，一定要讲究方法和分寸。盲目玩横的，可能倒霉的不是他而是你。

摆脱性骚扰

有人说，人之初，性本色。孔子也说："食色，性也。"其实，男人的好色就和女人的爱美一样，都是寻常的天性所为。女人渴望在酒吧里来场艳遇，虽然讨厌男人明目张胆地说："小姐，你好漂亮，可以和你喝杯酒吗？"但是，女人从来都爱听男人的赞美，尤其是称赞自己漂亮。

男人的好色，也是从某些方面证明了女人的魅力。一个没有吸引力的女人，是提不起男人的兴趣的。男人虽然是下半身思考问题的动物，但在选择食物之前，都是聪明的。所以说，女人之所以会引起男人的兴趣，这与女性的内在魅力和外表的美丽是分不开的。

然而，也正是因为这种女性的魅力和美丽，导致当今职场性骚扰事件层出不穷，也使很多女性感到十分烦恼头疼。那么，如何摆脱性骚扰，既使双方的关系不至于闹僵，又能很好地操纵男同事呢？

第一，给性骚扰者戴一顶"高帽子"。在谈话中，先对他加以恭维，给其一个响亮的称呼，从而使对方于盛名之下难以胡作非为。有一位女子，相貌出众，在一家公司负责产品销售策划。一次，跟某公司经理谈判之后，经理悄悄邀请她："小姐，晚上陪我吃夜宵好吗？"为生意起见，她不得不应邀赴约。见面后，经理情意绵绵。两人边吃边谈，女子竭力向经理劝酒，滔滔不绝地向他介绍公司的发展计划，并不时赞扬这位经理，称他是一位有修养、有气质、讲信用、受人尊敬的现代企业家。经理颇为得意，故作谦虚："你过奖了。"最后，两人以共舞一曲而告终。临别时，经理握住女子的手，郑重地说："你是个自尊自爱的女子！我心里会永远记住你完美的形象的。"

第二，给性骚扰者一个"下马威"。一般说来，性骚扰的人对你生非分之想时，总是或多或少会有些顾虑。问题是男人一时情绪冲动，早将事情的后果置之度外。因此，聪明的女子此时便必须将此后果向他言明，给他一个威胁，促使他收回原意。

第三，向性骚扰者施以“缓兵之计”。性骚扰的人纠缠女子，一般见于两人单独相处的场合。若有旁人在场，他是不敢放肆的。因此，女子一旦发觉与自己相处的男子心怀不轨，便应与之巧妙周旋，以等待“救兵”的到来。

第四，撒娇，施展女性的绝招。著名诗人徐志摩有一句撒娇的经典名句：“别拧我，疼。”不要笑看了这类肉麻痛症。在你遭受性骚扰的时候，千万要记住，撒娇是女人最好的武器。有一位著名的作家曾经把撒娇视为“无伤大雅的权术游戏”。其实，撒娇就是一种转移性别、年龄、权力的策略游戏。在这个游戏中，永远的强者不会是最后的赢家，因为那些看似柔弱的人会以柔制刚。

当你遭遇男上司的“骚扰”时，不妨借鉴以上做法。当然，如果事态已经发展到“性骚扰”时，那就已经涉及法律层面了，应该运用法律武器应对男上司的“性骚扰”。

性骚扰并不可怕，可怕的是你没有找到摆脱骚扰的办法。

让自己成为不可缺少的人

在职场，要靠自己的打拼成为公司不可缺少的人，这一点至关重要。公司里，老板宠爱的都是一些立即可用并且能带来附加价值的员工。管理专家指出，老板在加薪或提拔时，往往不是因为你本分工作做得好，也不是因你过去的成就，而是觉得你对他的未来有所帮助。身为员工，应经常扪心自问：如果公司解雇你，有没有损失？你的价值、潜力是否大到老板舍不得放弃的程度？一句话，要靠自己的打拼和紧跟时代节拍的特长，成为公司不可缺少的人。

北京一家豪华大酒店餐饮部里有一名不起眼的小厨师。他没有特别的长处，做不出什么上得大场合的菜。所以，他在厨房里只能当下手，谁都可以说他两句。但是，他会做一道非常特别的甜点：把两只苹果的果肉都放进一只苹果里，那只苹果就显得特别丰满。可是，从外表看，一点也看不出是两只苹果拼起来的，果核也被巧妙地去掉了，吃起来特别香。一次，这道甜点被一位长期包住酒店的贵夫人发现了，她品尝后，十分欣赏，并特意约见了做这道甜点的小厨师。

贵夫人在酒店长包了一套最昂贵的客房。虽然她每年加起来大约只有一个月的时间在这里度过，但她每次到来，都会点小厨师做的甜点。酒店里年年都要裁员，经济低迷的时候，裁员的规模更大。而这位不起眼的小厨师却风平浪静。毫无疑问，贵夫人是酒店最重要的客人，而小厨师则是那个不可缺少的人。

没有专长的人，在职场就是可有可无的人。要成为在职场上不可缺少的那一个，就一定要掌握一门专长，并且要比别人强一点，最好是自己有而别人没有的专长。没有一个单位会因为离开一个个体的人而不转，但单位会有不可或缺的人。

某女士高中毕业后下乡插队，数年后顶替父亲到企业工作。先是当工人，后调至车间任调度，再调到总公司办公室任收发员兼管理档案。饱经风霜的她任劳任怨，只想安安稳稳干到退休。谁知，近年来企业经营不景气，单位不断精简裁员。此时此刻，她猛然意识到生存的危机——年龄大、学历低、无专长，自己绝对不是不可缺少的那一个。她考虑再三，决心在短期内掌握一技之长。于是，她苦练电脑打字，以求有安身立命之本。半年后，她五笔字型打到每分钟 80 字，准确率还相当高，几乎可以免除校对的工序了。而且排版美观大方、文字摆放疏密有致，令人赞不绝口。不久，一位档案管理专业的大学毕业生接替了她的工作，她则被聘为办公室打字员。而那位比她年轻十多岁的前任则无可奈何地下了岗。

在单位中，我们是不是那个不可或缺的人呢？尤其在近几年，全球经济普遍低迷不振，就业机会金子一样珍贵，我们该如何保有我们的饭碗呢？尝试以下方法吧，使自己立于职场不败地：

第一，建立自己的关系网络。社会上，一些专业能力等“硬件”未必很好的人却能出人头地，不少人是得益于人际交往能力，单位里亦如此。建立关系网络，就是创造有利于自我发展的空间，努力得到别人的认可、支持与合作。不妨加入以兴趣、爱好、同学、老乡等关系结成的“小团体”，争取成为其中一员，增加“人际资产”。

第二，不要将矛盾上交。据传说，古代信使连续报来前线战败的消息，就有砍头的危险。每天都面对复杂多变的内外部环境，要比一般人肩负更多的压力。在职场，将矛盾上交或报告坏消息，会使老板的情绪变得更糟，还很有可能给他留下“添乱、出难题、工作能力差”等负面印象。因此，向领导汇报时要切记尽量少谈矛盾、困难。

第三，寻求“贵人”相助。“贵人”不一定身居高位，他们在经验、专长、技能等方面比你略胜一筹，也许是你的师父、同学、同事、朋友、引荐人，他们对你或从物质上给予、或提供机会、或予以思想观念的启迪、或言传身教潜移默化。有了贵人提携，一来容易脱颖而出，二则缩短成功的时间，三是不慎办砸了事能有所庇护。

第四，切勿成为“牢骚族”。人在遭受挫折与不当待遇时，往往采取消极对抗的态度。牢骚通常由不满引起，希望得到别人的注意与同情。这虽是一种正常的心理“自卫”行为，却是老板心中的最痛。大多数老板认为，“牢骚族”与“抱怨族”不仅惹是生非，而且造成组织内彼此猜疑，打击团体士气。当你牢骚满腹时，不妨看一看老板定律：定律一，老板永远是对的；定律二，当老板不对时，请参照定律一。

第五，抓住机会适时表现。不要害怕别人批评你喜欢表功，而是担心自己的努力居然没被人看到，才华被埋没了。想办法做个“有声音的人”，才能引起老板的注意。向老板汇报，要先说结论，如时间允许，再作细谈；若是书面报告，不忘签上自己的名字。除老板以外，还要将成绩设法告诉你的同事、部属、他们的宣传比起你来效果更佳。会议是同事、主管、老板及顾客之间不可多得的沟通渠道，会议发言是展现能力和才华的大好时机。

也许你像爱因斯坦一样聪明，创意也绝对独特，为什么在别人眼中依旧无足轻重？先不要因此抑郁，生活往往是可以改变的，试着按以下要点做，你会成为上司眼中不可缺少的重磅人才：

第一，早到。别以为没人注意到你的出勤情况，上司可全都是睁大眼睛在瞧着呢。如果能提早一点到公司，就显得你很重视这份工作。

第二，不要过于固执。工作时时在扩展，不要老是以“这不是我分内的工作”为由来逃避责任。当前额外的工作指派到你头上时，不妨视之为考验。

第三，苦中求乐。不管你接受的工作多么艰巨，鞠躬尽瘁也要做好，千万别表现出你做不来或不知从何入手的样子。

第四，立刻动手。接到工作要立刻动手，迅速准确及时地完成，反应敏捷给人的印象是金钱买不到的。

第五，谨言。职务上的机密必须守口如瓶。

第六，亦步亦趋跟主管。上司的时间比你的时间宝贵，不管他临时指派了什么工作给你，都比你手头上的工作来得重要。

第七，荣耀归于上司。即让上司在人前人后永远光鲜。

第八，保持冷静。面对任何状况都能处之泰然的人，一开始就取得了优势。老板、客户不仅钦佩那些面对危机声色不变的人，更欣赏能妥善解决问题的人。

第九，别存在太多的希望。千万别期盼所有的事情都会照你的计划而行。相反，你得时时为可能产生的错误做准备。

第十，决断力要够。遇事犹豫不决或过度依赖他人意见的人，是注定要被打入冷宫的。

第十一，善于搜集资讯。要想成为一个成功的人，光是从影音媒体取得资讯是不够的，多看报章杂志才是最直接的知识来源。

时刻关注企业的发展趋势，了解行业的最新动态，并且思考企业在未来的发展趋势中需要什么技术或才能，以便及早准备，才能使你的个人价值在持续挑战中水涨船高，使自己成为企业必需的人才。

第四篇

幸福操纵术：经营爱，做爱情的操盘手

《围城》中说："婚姻是一座围城，城里的人想出来，城外的人想进去。"但对于身处围城中的人们来说，至关重要的不是进进出出的问题，而是如何经营好"围城"里的生活。所以，婚恋中的人了解围城中男女的彼此心态，学会操纵幸福的手段，这对建设和美化"围城"生活无疑是有帮助的。

热恋也要保持安全距离

如果说初恋像一首隽永浪漫的小诗，那么热恋则像熊熊燃烧的烈火，令人如痴如狂，心醉神迷。

有人说，热恋是保持青春永不衰老和保持精神永远年轻的良药。热恋能使人丧失理智，认为全世界没有任何不好的东西，就连平时的臭水沟也会突然之间香气四溢，灰色的老墙也笑逐颜开了，平时小得不能再小的眼睛也忽然之间变大了，并且脉脉含情，光芒四射……但热恋并不是没有个人空间，两个人腻来腻去，这样很容易让彼此的缺点暴露出来。对于热恋中的男女来说，这是不明智的，自然也很难达到热恋中彼此互相操纵的目的。

洪冰，女，国内某知名企业市场专员。去年到上海出差的途中，结识了李勇，一个十分帅气的男孩。洪冰勇敢地向对方传递了自己的爱情信号。在得到李勇的接纳后，两人陷入疯狂的热恋中。几个月来，两人热情依旧，颇有燎原之势。在自己深爱的人和深爱自己的人面前，洪冰感觉自己是天底下最幸福的女人。但是，脆弱的洪冰却在心底潜藏着恐惧，她好担心热恋中的李勇突然弃己而去。

恋爱是甜蜜的，而热恋则可以将甜蜜继续升华。热恋中，一天不见恋人的面都难受。此时，彼此的感应是尤为强烈的。双方恨不得能随时随地交流、沟通，让对方分享自己的快乐与欢笑。在这时，即使热恋中的一方犯了很大的错误，另一方也往往会原谅。就因为时机的巧妙，就因为是热恋时刻，所以每个人的缺点都会随时消失。即使平时再好的朋友或生身父母去劝，也未必有效，只因为是热恋的时刻。其实，正因为这一时刻才有许多佳话产生，也为许多的悲剧埋下了种子、拉开了帷幕。这是因为，身处其中的人此时乐昏了头，而并未意识到危机的存在。进入热恋期后，初恋时小心翼翼的亲昵已被炽热的激情所取代，认为他们才是世界上最幸福的人。他们深深地沉浸在两人世界中，容不下第三人，把对方看得无限美好。但是，如此强烈的感情一旦有什么“风吹草动”，出现什么不和与矛盾，往往就会发生剧烈的变化：真情变成了假意，美好的变成了丑恶的，爱变成了恨——爱有多深，恨就有多深。

朱光潜先生在《悲剧心理学》中讲到，一对恋人之所以由初始的迷恋到以后的淡漠、惶惑甚至离异，可能就是因为随着双方的不断熟悉，两人之间那种因神秘感、好奇心而表现出来的“心理距离”逐渐消失，又没有再生，使得原先心目中深深崇拜的“偶像”走下了神台，变得平凡，甚至丑陋了。所以，热恋中的人要注意降低爱的热度，其方法有二：

第一，保持一份神秘感。神秘感会使对方在探索你的个性答案、万般风情的过程中保持不会衰退的兴趣。要培养这种神秘感，不仅要不断地完善自身的外在特征，还要不断地完善内在的品格，充实和更新知识，提高各方面的素质，加深思想上的修养，追求事业上的成就。只有这样，才能不断向你的恋人呈现你积极向上、新的一面。你应当像一眼永不枯竭的泉，令人回味无穷。当然，保持神秘感要恰到好处，不是高深莫测地全方位封锁。若隐若现、蜻蜓点水，最为美妙。

第二，保持和他人的友谊。热恋中的情侣常常是“重色轻友”的。人既需要爱情，也需要友谊。两人世界无论多么值得留恋，心灵也会感到缺乏友谊的空虚、闭塞。友谊可能给你们的爱情带来许多新的内容、新的信息、新的感受。即使是异性友谊，只要是可信的，也不必排斥。如果对恋人的异性朋友采取粗暴、冷淡、猜疑、不尊重甚至敌对的态度，无疑会伤害大家的感情。最后，天天思念，但不一定天天相见。两个人整天像连体人一样形影不离，再丰富的情话也会暂时地断流，没完没了的抚爱也有感觉麻木的一刻。“黯然销魂者，惟别而已矣。”一旦分开，才发现没有爱人的日子是多么的寂寞、凄凉，“良辰美景虚设”，思念与日俱增，将来也会更加珍惜在一起的时光。俗话也说：“小别胜新婚。”这是很有道理的。有时甚至可以刻意地拉开时空上的距离，如和朋友、同事出去旅游、出差，分离一段时间，或故意好几天不见面等，以此来造成彼此心理上的距离。“有时我离开你，只是为了去感觉想你的滋味。”当然，保持“心理距离”并非是故意让心灵之间疏远，故意在心灵之间设立屏障或防线，而是为了保持吸引力。俗话说：“有距离才有吸引。”有距离才更容易操纵，但是，千万不要太远。

手上的沙子握得太紧，流失得越快。恋人之间也是这样，要让彼此有一个自由的空间，那会使你们之间的感情更加完美。

女人经营爱情也要懂操纵术

漂亮的女人，容易获得爱情；而有智慧的女人，懂得保存爱情。聪明的女人，应该是爱情的厨师，懂得掌握喜怒哀乐的情绪发挥，知道适时地在生活中加入酸甜苦辣的调味品，让爱情愈陈愈香，相爱绵延无绝期。

第一，回忆过去，调动“感情资本”。心理学中的“回忆”，指的就是生活留在我们“大脑皮层上的兴奋痕迹的恢复”。生活中，没有回忆无疑是枯燥的。但是，生活的枯燥又常常是因为我们不善于去“回忆”。许多夫妇谈起婚后生活的感受，都会认为对方再没有从前那样迷人。特别是在双方经过激烈冲突之后，一时更恨不得离开对方。然而，一旦真的长时间分离，又会情不自禁地怀念起对方的长处和夫妻间共同度过的那些美好时光。这种微妙的矛盾心理，说明夫妻之间都存在感情基础，而对过去美好生活的回忆，自然也就成了联络夫妻之间难以割断感情的纽带。如果夫妻能主动调动“感情资本”，经常在一起共同回忆美好的过去，就更有助于平安度过婚后生活中可能出现的“感情荒原”。

第二，保留神秘感，增强吸引力。幸福的婚姻是需要用心经营的，并不是绝对的坦白就会换来绝对的信任，婚姻的艺术在于理性的谎言。常见的婚姻迷失之一是：夫妻必须绝对坦白，不可隐藏秘密。说话毫无保留，完全诚实，结果却使得对方产生负面的情绪。负面情绪累积多了，将腐蚀婚姻关系。其实，夫妻之间存在点隐私，各自在心灵的某一处保留一片绿洲，使夫妻关系保留一点神秘感，更能增强彼此的吸引力，使婚姻更幸福、更美满。正如一位外国心理学家指出的，忠诚于一个人，就要求做到谨慎、得体、保护、慈善、克制和敏感。这种要求比只是“告知真相”的简单原则不知要复杂多少。但另一方面，谎话和秘密容易加大夫妻间的距离，使夫妻之间产生隔阂。因此，在处理夫妻关系这个问题上，最重要的一点是把握好“度”。夫妻间应做到既有适当的“透明度”，又有适当的“隐秘度”，这样才能使夫妻关系保留一点神秘感，增强双方的吸引力。

第三，女人和男人相处时，要有点黏又不要太黏。和男人相处时，女人要像优质米一样，有点黏又不要太黏。有时，给他绑上一条绳子，让他学会牵挂；有时，给他一些空间，任他自由放松。整天黏着他，他会觉得“我好比那笼中鸟”毫无自由。但是，过分放纵他，平原纵马易放难收，他可能会忘了回家的路。男人就像风筝一样，拉得太松会飞走，拉得太紧又容易扯断。所以，女人要懂得忽松忽紧地抓住男人，跟男人的距离也要永远保持若即若离。有时盯牢他的行踪，有时对他小小的出轨视而不见；有时让他觉得你很在乎他，有时把他当壁画，摆在一旁闲着，信任他，但偶尔对他的话投下“不信任票”。

第四，要像母亲一样宠他，也要像女儿般依赖他。要像母亲一样宠他，呵护他，也要像女儿般依赖他，向他撒娇。你必须是他的知己，陪他做梦、发牢骚。你也要是他的“迷妹”，在他吹牛时，还要坚持以崇拜的眼神看着他。甚至你还必须是他的“敌人”，适时地给他一些刺激和打击，让他振作起来。

这就是男人心目中“全能女性”的特质。如果你能巧妙地掌握这些特质，那么，你的男友就会像孙悟空一样，永远也逃不出你“如来佛”的手掌心。

让男人感到爱你不渝，就要让他相信你的好或坏、喜或悲，全都是因为他。爱情对人一生影响极大，处理得好，甜甜蜜蜜；处理不好，混乱如麻。

以恋人的谈话话题为中心

君子动口不动手，恋爱中的男女要学会使用口才这种自我表现手段。否则，任你有多么大的才学，不会用口才表达出来也是无用。而以口才来征服对方的关键就是以恋人感兴趣的内容为话题，明了对方的复杂心理和需要，从而掌控对方，交谈有方。

赖瑞和菲比是一对恋人，这是他们交往过程中的一幕：

这天，他们在一起吃晚饭。大多数时间都是赖瑞在说话，他说话的神情好像一位教授在向学生授课，而菲比面带微笑，凝神静听，偶尔点头表示赞同。

当菲比偶尔想开口说话时，赖瑞很快又把发言权抓回自己手上。很明显，赖瑞沉醉在自我表现中，而菲比心里其实无聊得很。一顿原本应该是很愉快的晚餐，就这样以失望收场。

如果赖瑞了解女人，就会问菲比许多问题，引起她谈话的兴趣。如果菲比了解男人，她可以适时打断赖瑞，多发表自己的看法，不只是礼貌性地应对。男人不可能本能地了解女人的习惯，结果可想而知。其实，男人只要对女人所讲的话题表示感兴趣，女人就会觉得很开心，而这小小的改变足以达到改变交往结局的操纵目的。

当男人对女人产生兴趣时，自然而然会以自己希望被对待的方式来对待她，但这不见得是女人所喜欢的方式。结果，造成他在讨好她的同时，其实是在破坏这段关系。

比如，男人会滔滔不绝地向约会对象谈论他自己或一些人生大道理，却不愿意当个听众去聆听对方的想法，花时间去了解对方。他认为，这样才能使对方印象深刻。当女方礼貌性地不断发问，男人会以为这就是对方要的，而当女方好不容易找到机会说话，他又会错误地以为对方是在寻求忠告，然后不断提供解决方法。最后，女方对男方越来越没有好感，男方还不明就里，觉得莫名其妙。

当然，造成这种局面，女人也有一定的责任。女人常常错误地以为，如果一个男人适合她，他会完全知道她的需求，做到她心中所想的事。当男人达不到她这些不可能的期待时，她就会非常沮丧。

举例来说，女人常会以问问题来表示她对某一件事的兴趣。而当男人高谈阔论时，她则耐心倾听，因为她假设如果她表现得兴致勃勃，男人会更喜欢她。但是，这假设对男人完全不适用。男人话越多，只会越对他正在谈的主题感兴趣。如果女人要使男人对她感兴趣，就要多发言，并以正面的态度表达自己。

许多女人常问，如果男人不停地谈论他自己，她该怎么处理？其实，答案很简单。有时候，你只要直接打断他的话就好了。只是女人们通常觉得这个方法太粗鲁了。

有些女人会等着男人问她问题，才开始参与讨论。其实，女人只要停止再问男人问题，趁话题告一段落时，就可加入谈话了。

当你要打断男人时，就要假设他对你想讲的话很有兴趣。这个假设通常是对的，就算不对，也是给对方一个产生兴趣的机会。当男人谈天时，他们不会想到要邀请谁加入。任何人有话要说，大可直接说就好了。

要求允许不是一个好方法。试以只言片语来开始："你说的话让我想起以前……"或是简单地说"我觉得……""我喜欢……"这些都是很好用的方式，越简短越好，加入就对了。

另外，打断对方不只是让自己说话，男人也喜欢你这么做。这表示你很自信、你信任他、你跟他紧密相连、你喜欢和他说话、你接受他所说的而且你有所回应。

与异性交谈，是最微妙的，也是最广泛而又多变的，有时甚至是相当奇怪的。但如果懂得以对方的话题为中心，就可轻而易举地赢得对方的心。

表明心意的诡辩术

恋爱中，向对方表明心意也是一门哲学。

哲学是世界观和方法论的统一，恋爱又何尝不是呢？冲动可能会使你后悔一阵子，踌躇可能会让你后悔一辈子。

爱情是人世间最艳丽的花朵，是世上最香醇的美酒。而获取甜蜜爱情的手段之一求爱，则是人类最美妙的行动。

一部美国电影中，有这样一个场景：女主角坐在火车上，火车中的乘客寥寥无几。未过多久，上来了一位男士。他环视了车厢之后，发现女主角孤零零地坐在那里，便走到她身边，说：“这座位有人坐吗？”

“没有人坐。”

于是，男人就把行李放下来，准备坐在这位小姐身边。女主角向周围看了看，发觉还有许多空位，但他却选择自己身边的位子，所以，很吃惊地抬头看他，说：“为什么你仅仅选择这个位子呢？”

“因为我经常坐在这个位子上，这是能得到幸运的位子。”

“原来是这样，那么就请坐吧。”

她拿了行李，站起来说：“我要搬到别的位子去。”

待她换了另一个位子后，那位男士也随着搬了过来。

“嘿，你抓住的幸运位子怎么样了？”

“因为我已经抓住了幸运，所以，我决定抓住不放了。”

由此可见，像文中的男主角一样将小小的诡辩掺入谈话中，来表达自己的意思，确实比平铺直叙要高明很多。

下面是一些表明心意的办法：

第一，制造悬念法。这就是制造悬念求爱法：先制造一个悬念，有意让对方树立一个误解——自己爱上别人，给对方造成一种欲爱不成，欲割难舍的状态，“引诱”对方一步步“上当”；然后，突然使对方恍然大悟，实现爱的转折，出现先惊后喜的心理效果。

第二，捕捉蝴蝶法。不少男性是喜欢恋爱而不爱结婚的。身为女性的你，恋爱已有一段日子，与他的感情也到了谈婚论嫁的地步，而且你的年龄也到了不容再多挑选的限度，而他却偏偏是个这样的男性，怎么办？以强硬手段逼迫男性结婚并非上策，应当像捕捉蝴蝶一样，在不知不觉之中撒下捕虫网，将男性网住，携手步入礼堂。这种方法有史以来使用者众多。那么，如何把男性诱导到结婚阶段？“前几天，公司的董事问我，你跟王先生已经订婚了？什么时候结婚？我无法回答。”“他是从什么地方听到的？”“大家都是用那种快要结婚的眼光看人，我实在很难留在公司。昨天到公司的餐厅，大家窃窃私语，但看到我进来就停止。女人总是很敏感，我想辞职。”“这种事不要老放在心里！如果我们之间的事……”“周围的人都知道我们俩人的关系，感觉是已经订过婚，不能再节外生枝。否则，别人谈起来真难听，岂不变成丑闻？还会招来好奇的眼光。”对男性而言，这种方法最叫他头痛，却也是让他下决心的最有效方法。

第三，安慰法。爱情也要尊重现实，毕竟理想与现实是有距离的，梦中的结婚生育怎能及得上现实生活中的一段平凡的爱恋。大方、慷慨、有责任心、处处体贴、制造浪漫……这一切具有十足男人味的气息无一不让女孩子心动并深深折服。软磨硬泡，狂轰滥炸，让她的整颗心都破碎，让她伏在你的肩头痛哭一晚，再用你的体贴与关怀去抚慰她那颗受伤至极的心灵，定会留住她那头飘逸的长发，因为受伤的女人是最需要安慰的，这无疑是获取女孩芳心的锦囊妙计。

第四，送礼物法。如果你想对对方表明爱意，想让对方了解你的心意，让对方也来爱你，那么，你就要用行为把爱表达出来。亦即，用行动来表示你对对方的爱，让对方知道，从而让对方也想要爱你。有个最普遍的方法，就是查出对方的生日，然后在当天送他一份精心构思的生日礼物。此时，要避免太贵重的礼物。这是因为，你不是要用物品来吸引对方的心，而且对方收到太贵重的东西，可能会造成对方的负担。可能的话，最好知道对方想要的是什么东西，如果能送他想要的东西，那他一定会很高兴的。同时，你也可以借此机会表明自己的心意。

第五，直接挑明法。对于几经磨难或交往比较深，有一定感情基础，或两个人已经暗地里互相倾慕，只需“捅破那层纸”的双方来说，坦率地直抒胸臆表达爱情不但省力，而且也别有一番风味。列宁的求爱也是直截了当的。列宁向克鲁普斯卡娅求爱时，就直截了当地说：“请你做我的妻子吧！”而一直爱慕列宁的克鲁普斯卡娅也回答得很干脆："有什么办法呢，那就做你的妻子吧！"列宁的求爱言语简明扼要，感情诚挚，给人难以抗拒的力量。

爱情使人生丰富，痛苦令爱情升华。我的地盘我做主，拿好自己的情感遥控器，运用操纵术，才能上演符合自己意愿的节目。

爱与被爱都是很美妙的感觉，没有爱情的人生是不完美的。所以，遇到了爱，就不要轻易放过。

打破夫妻冷战，耍点花招最有效

所谓“冷战”，是指夫妻双方出现的一种破坏性沉默。冷战对于婚姻的破坏力并不亚于争吵。夫妻之间本来需要不断地用各种方式向对方表述自己的各种情绪与意向。这种直接的交流，不论是柔情蜜意还是唇枪舌剑，不论是兴高采烈还是声泪俱下，不论是彬彬有礼还是大动肝火，都是夫妻关系的积极态度。也就是说，双方都有能力和兴趣，向对方表述自己。如果有一天，这种直接交流突然中止，那么一场冷战就开始了。

许多夫妇都有过冷战的体验，品味过它的酸辣苦涩、令人窒息的阻隔与沉寂。那么，做丈夫的应该怎样防止或化解这种冷战，将其操纵在适度的范围内呢？

第一，不要用急躁来对付沉默。当你不知妻子沉默的原因时，会急得束手无策。这时，你一定要冷静。分清对方的沉默是有意用来攻击自己，还是出于无心。不要不问青红皂白就大发脾气，迫使对方开口还击，这样会使夫妻关系更加紧张。应该看到沉默的背后隐藏着愤怒的情绪，你的急躁只能起到火上浇油的作用。你只能耐心疏导，而不能操之过急，激化矛盾。

第二，不要用沉默对付沉默。一方沉默，另一方也用沉默作为反攻击，这是一种相当恶劣的沟通方式。你应当主动地和对方讨论如何解决有关问题，态度要诚恳，措辞要委婉，“精诚所至，金石为开”。

第三，不要用撤离来对付沉默。有时，对方也想自己打破沉默，却缺乏勇气。如果这时你赌气拂袖而去，会使对方产生无助的感觉，加深沉默的程度，甚至会由于你的撤离而使共同苦心营建的爱情之厦顷刻瓦解。只有当对方提出希望让自己独处，好好思考一下时，你才可以暂时撤离。

第四，学对方的话。你试图引妻子说话，妻子却嚷道：“走开！讨厌死了！”这时，有没有其他办法？办法是重复你爱人说的最后几个字，然后反问：“讨厌我，是吗？”妻子可能会再说一遍：“是的，讨厌！你就不能让我一个人清静清静吗?”你可接着说:“你想清静清静，是吗?”你要设法让妻子多说话，话不间断，对方就与你对话了。不过，说话时一定要充满情意，并要有耐心。

第五，让对方听好话。假如妻子穿了一件漂亮的衣服，你就说，这件衣服很漂亮。假如邻居曾夸妻子某个优点，你就把这话转告给妻子。好话会使妻子紧张的神经松弛下来，并使妻子想听到更多有关这方面的话。也许妻子还会提一两个问题，这样你们就容易进行对话了。

第六，多接受对方。尽可能地接近妻子，如果允许的话，轻轻地充满情爱地触摸对方。如果难以做到，那么，当你想同妻子讲话时，坐得靠近些，保证双方的目光接触。

第七，缄默。对方发脾气，火气正盛时，你最好保持沉默，只管做你手中的事，或泡上一杯茶，表示暂停。待对方气消后，再彼此交换意见，找出原因。切不可针尖对麦芒或互不相让，说出伤感情的话。

第八，转移。夫妻之间出现口角，你要马上理智地转移话题，或做自己的事，或和别人聊天。也可以暂时回避一下，或设法马上躲开。当她发现没有发泄的对象时，气也就消了。

第九，不要逼对方说话。当一方沉默时，另一方不要逼他说话。最好让他知道，沉默本身已经沟通了某种意思。你不妨开诚布公地向对方说:“我不知道做了什么事，让你不愿和我说话。”或:“我无法忍受你经常对我沉默，我们是不是可以谈谈?”这样一来，对方就可能会打破沉默。

第十，转移注意力。当一方沉默时，另一方最好能用听轻音乐、看电视等娱乐形式，来转移对方的注意力，减轻其心理压力。

第十一，回忆美好的往事。你可在适当时机提出:“记得我们上次到植物园去野餐吗?……记得我们结婚时到杭州去度蜜月吗?……”别小看这一两句话语，因为回忆美好的往事，会使对方转移思路，消除敌对情绪，缓和眼前的紧张局面，从而使双方进入对话状态。

第十二，避其锋芒。对于妻子的攻击，不要从正面迎头阻挡，应该采用避实就虚的方法。如妻子突然发怒:“我对你都腻烦透了，你给我滚出去!”你可采用柔和的语调应答:“是啊，可我不知道怎样滚，你教教我行吗?”对方听了会先吃惊，然后忍俊不禁。这时，你便容易和妻子对话了。

第十三，幽默。这是夫妻争吵时防止矛盾激化的妙法。

第十四，多为对方考虑。俗话说:“一个巴掌拍不响。”夫妻之间发生不和，一般双方都有责任。因此，你要主动扪心自问，查己之不足，多站在对方的角度考虑或主动承认错误。生闷气，不理人，只会扩大矛盾。

第十五，破例做事。一旦夫妻关系僵持，你要加倍体贴妻子，尽量为妻子多做些事，特别是破例做些平时没有做过的事。这样一来，就要会使矛盾化解、关系缓和，双方言归于好。

第十六，小别。当夫妻之间出现矛盾时，你可借事外出三五天。小别几日，彼此尝尝离别的滋味，反能激发爱的思念。当然，这不是赌气出走。

夫妻间难免闹矛盾，吵闹之后难免出现冷战，而冷战的目的应当是促使双方各自反省，而绝不应成为一种冷漠的制裁。因此，男人要学会交流，学会说出自己想说的话，主动打破冷战的局面，避免婚姻出现新的危机。

一场短暂的、有节制的冷战，比撕破脸大打出手还是要好些。冷战是夫妻关系出了问题时所采取的冒险冷处理，但要把握好火候。

男人靠捧

世人对每一个男人的印象，往往来自他的妻子对他的态度。谦虚的男人是不喜欢自夸的，但是，如果他的妻子在众人面前为他吹嘘一番，只要他能够保持一种良好的风度，那不但无伤大雅，还会引起人们的浓厚兴趣，从而起到意想不到的正面效果。

赞美是一种聪明的、隐藏的、巧妙的“献媚”。生活需要真正的赞美来调和，成功需要赞美来填充颜色。不仅如此，失落时也需要赞美，一条失败的路并不是毫无是处，再丑陋的东西也终会有美丽的一面。只有认真地发现值得赞美的点点滴滴，人们才能看到充满阳光的明天。世界也正是由于这些赞美，才变得如此扣人心弦，摄人心魄。

所以，在男女相处中就有了这样一个原则：作为女性，不要对男人过于苛刻，过分挑剔，更不要拿别的男人和他做比较，应当温柔地鼓励他、赞赏他，为他打气加油，努力寻找他身上的闪光点。当他把一件很平常的事情做得非常圆满，当他向他的梦想迈出了小小的一步，女人就应该马上赞美他。这个时候，女人的赞美不仅仅是一种肯定，而且是在向他注射自信，这样也倍增了自己作为女性的魅力。同时，女人的赞美会改变男人的人生观和处世方法，让男人感到他有义务和激情去更加努力地工作，为了家庭，为了妻子，为了两人以后的美丽人生而努力获得更大的成功。

著名心理咨询专家凯苏拉曾救助过一个近似废物的哑巴，他的名字叫艾理。凯苏拉每天注意观察艾理的举止，并及时对他所表现出的任何良好的言谈举止给予鼓励和赞扬，对他最微小的健康表现以及他脸上和嘴上的任何一点微小的动作都给予肯定。一点一点，一天一天，奇迹终于出现了。一个月之后，艾理能说话了，能大声读报刊书籍，而且对百分之九十的问题做出正确回答。这就是赞美的力量。

此外，女人除了给男人以自信的鼓励和赞美外，还应该对男人主动去为家庭做的小事而提出表扬或者口头感谢。譬如，一对夫妇去郊外度过了一个愉快的晚上。妻子说："真谢谢你给了我一段难忘的时光。"丈夫送给妻子鲜花时，妻子就可以说："谢谢你一直记得我的嗜好。"晚餐后，丈夫主动收拾碗碟。妻子就说："你辛苦了一天，这么做真叫我过意不去。"这些都是日常生活中的小事，在丈夫做了以后，妻子表示一下自己的谢意和赞美，他会更加乐意去做，也会从中体会到妻子的辛劳和温情。成功的女人拥有赞美，也懂得赞美；快乐的女人赞美一切值得赞美的事物，也得到了男人的赞美；懂得赞美的女人，会赞美一切值得赞美的事物。

所以，聪明的妻子务必别忘了这一招：称赞自己的丈夫，夸耀丈夫的特长，表扬丈夫的优点，把丈夫"吹"起来！

每个人都有自己的缺点，但是，男人的错误只会阻碍了前程，而女人的错误则会影响家庭和社会上的成功，甚至连同男人的事业也一起毁掉。男人被认为有所成就，是个能做一番事业的人，大多是他的妻子告诉人们的。因此，每个妻子对丈夫的称赞，都是对丈夫的一种激励，这比直接"教训"的言语，更能推动他满怀激情地尽力去把事情做好。反之，如果像某女士那样一味责备、指责，只会使男人意志更加消沉，更加自卑，更加无地自容，更加不思进取，并最终一事无成。

聪明的妻子能够时时注意到丈夫的长处，还能将丈夫的缺点减到最低限度。女人赞美男人时，要遵循一定的原则。记住，一个男人无论长得美丑、事业是否成功，他都希望自己在女人的眼里是最棒的。这是通过"捧"这种操纵术赢得男人心的关键。

真诚赞美的话最能"笼人心"，你肯定他的时候，也就帮助他树立了自信。

坏男人获得女人爱的操纵术

“男人不坏，女人不爱”这句话，从古流传至今，它几乎成了感情世界里颠扑不破的真理。

英国《新科学家》曾有一期杂志刊载论文说，那些自恋、冲动、爱撒谎的“坏”男人往往更容易“抱得美人归”，而女性实际上也更“喜欢”这类男性。

英国《独立报》说，典型“坏”男人当数007系列影片中的詹姆斯·邦德。然而，他几乎是所有女性的“大众情人”。

乔纳森对《独立报》说：“邦德是典型的‘坏’男人，他过于外向，喜欢寻求刺激，还杀过人，但他就是颇受女性欢迎。”

说男人坏，但这个坏与恶是有本质区别的，绝非坏到伤天害理、六亲不认、七孔流血，坏得让人觉得恶心无聊。他们只是捣捣乱、逗逗乐，开一些无伤大雅的玩笑而已。他们不按常理出牌，就像上得厅堂、下得厨房的好女人标准会被坏男人加上一条入得卧房那样。他们的坏，让生活更有情趣、有性趣、有乐趣！

大学者钱锺书趁杨绛伏在桌上睡午觉的时候，用毛笔在她脸上画眼镜，惹得杨绛醒后大生其气，亦大开其心；台湾作家李敖长于追不认识的漂亮女性，他的太太小屯就在他开车路过学校门口看到后追上的。她有一条绝美的腿。李敖说：“她有一腿，我就有一手。”可谓深得男人“坏”中之道。由此联想，这里所谈到的男人的“坏”并不是不讲道德，损人利己。这里所言之“坏”，实则是小小的“坏”，是生活的一门艺术。坏出一点情调，坏出一点小场景，坏出一点绵绵情意，坏出一点自我运营的自我特色。这样的坏，便是女人的爱。

然而，提起坏男人，不可不提的就是韦小宝。

韦小宝虽然获得了娶七美之福，但是，他追女孩子的技术含量却并不高。

他收服群雌的招法相当简单，基本上就是强取豪夺，逮住谁都咬一口，一口不行再一口。可就是这样的破"招术"，却让这么多美丽的女子十分受用，而女子们也似乎很吃这套。于是乎，各个女人都被其"收服"。

当然，韦小宝也深知，要追到漂亮的女孩子，也要几分"死缠烂打"的冲劲。一般漂亮的女孩子，其追求者也必然多，你别别扭扭说什么情调谈什么浪漫，恐怕人家早成了别人的老婆了。此外，虽然韦小宝没有那些所谓的"知性男人"的花花肠子，但其粗俗的手法却也有其一定的招术。首先，脸皮十足厚。厚到什么程度？得要加上"颜无耻"。但这在一定程度上也就拉近了与女人的心理距离，自然也就让女人多少有了点亲近的感觉。还有，他一般喜欢给心爱的女孩子撒一个"善意的谎言"，喜欢说些让女孩子开心的话。虽知有不实之处，但只要达到目的，却也什么都敢说，真是到什么山唱什么歌。但无论韦小宝如何要坏，讨女孩子欢心，最终将其纳为己有，但他绝不是见异思迁的男人。他只不过是很多情，所以，他对这七个女人始终如一，他对她们都很好。

由此可见，他这个"坏"是有学问、有原则的。他在这个世俗社会里为人处世游刃有余，既能赚钱，又会花钱，会玩、会闹、会逗你开心，是骨子里也讲点良心、义气的俗人。这样的男人，哪个女人会不喜欢呢？

有这样一个调查，说是要在西游记唐僧四师徒中选个做老公你会选哪个。结果，却是猪八戒最得女人们的欢心，连本事最大的孙悟空都让许多女人觉得这样的男人太一本正经了。而一个韦小宝，不仅有孙悟空的本领，更兼得猪八戒的世俗，在女人们看来，这样的男人靠得住，更有生活气息。所以，女人们自是对这样兼有"通天本事"的男人暧昧有加。

那么，为什么说"坏"男人能俘获女孩子的心呢？究其原因，主要是因为：

第一，这样的男人厚脸厚皮，极会察言观色，看风使舵，见什么样的女人下什么的"药"，而女子们似乎特别对这些让自己眼睛一亮的男人感兴趣。

第二，一般而言，女性（特别是青年女性）有两个重要性格特征：一是对于英雄的崇拜；一是母性或圣母性。前者是因为女性总是处在现实里的弱者地位，坏男人可以给她们强大的感觉；而后者则是因为女性在幻想里喜欢把自己想象得伟大和富有牺牲精神，她们不能改变世界，但她们期望自己能够改变或者拯救那些具有"黑暗性格"的"坏"男人。

第三，大多数"坏"男人有一种邪恶的单纯，他们直接、简单，懂得世故人情，知道什么时候粗暴，什么时候死皮赖脸地温存。更多的时候，他们像一群被上帝抛弃的孩子，最后，被女人收留了。

所以，“坏”男人更容易操纵女性，赢得女性的芳心。

什么样的男人是女人心目中的极品，一个字“坏”。“坏”出情调，“坏”出个性。

聪明女人降服男人的秘诀

女追男已不再是什么丢人的事。女追男的恋情中，女人如何最快最准地捕获男人心，实在是一件充满技巧的事情。只有你掌握了这种技巧，你才能赢得降服男人的秘诀，掌控男人，操纵男人。

第一，语言暗示。“明天是礼拜天，我要干什么呢?”一副心不在焉的模样，自言自语。实际上，这是故意制造机会让男性乘势相邀。这句话就表示：“明天我有时间陪你。”这是将此一事实通知对方的好方法。男女两人一同加班时，男性说：“太晚了！你先回去吧！实在辛苦你了！”如果你想让他感动，可以说：“没关系，我乐意加班。”这样的回答很明显是给男性机会。一旦女性这么说了，岂有男性不行动的？这是使用语言的暗示方法。但切忌暗示的行为过分明显，将被视为轻浮的女性，反而招致相反的结果。

第二，动人的甜笑。你看中的男孩越冷漠，你就要笑得越可爱。一张诚挚可爱的笑脸是最吸引人的。当你追男孩时，大可不必浓妆艳抹，也不需要任何娇饰。你会笑，纯朴的微笑，就是你独特的风格。不论是初次见面的男孩，还是很熟悉的男孩，微笑都会让他产生好印象。对男孩来说，一个女孩温柔的微笑相当有魅力，比很多语言都珍贵。你亲切、自然的微笑，会让男孩有一种似曾相识的亲切感。男孩会从你的微笑中，感受到你传递的信息，从而对自己增加了信心，主动来追求你。

第三，做个“哲妇”。女人，从少女到少妇，从天真少女的浪漫到成熟主妇，这需要一个角色转变过程，但这个过程并不容易。在这个过程中，女人要学会做一个“哲妇”，学会与男人相处，学会与男人交流，学会理解男人，学会体谅男人、关心男人、教育男人。不仅如此，作为一个优秀的“哲妇”，还需要懂得男人，知道男人想什么、要什么，这样才能“知己知彼，百战不殆”。作为一个优秀的“哲妇”，需要懂得爱男人。知道男人需要怎样的爱、用什么方式去爱，而不是一味地顺从。作为一个优秀的“哲妇”，需要懂得帮助男人。在男人的一生中，事业、家庭、追求具有同等重要的位置。成就男人，就等于成就自己。

有人说：“聪明女人激励男人，才情女人吸引男人，智慧女人成就男人，才华女人吸引男人，善良女人鼓励男人，泼辣女人修理男人，精明女人累死男人。”其实，女人的容貌漂亮与否并不重要，最重要的是女人的内涵与美德。内涵和美德再加上外貌三者合为一体，才是美丽而聪明的女人。这是因为，有内涵就有智慧，有智慧就懂得怎样做女人。知道如何做女人，就懂得怎样去爱、去欣赏自己的男人，如何教育自己的孩子，做好男人的贤内助。所以，聪明的女人要学会做个“哲妇”。

第四，做个“杠杆女”。与别人的女人相比，“杠杆女”具备四大优势。一是自身的魅力让男人无法拒绝。“杠杆女”的魅力有内有外，重点是内在的美，开朗乐观的性格，聪明不狡猾的头脑，独立不孤僻的生活方式。这些都是吸引男人注意的优势。二是成就男人的成功，给男人自信。“杠杆女”为男人创造机遇，赢得成功的果实，这大大增强了男人的自信。尤其是她们的男人都是从平凡中来，在与她们的相处中逐步提高，直到获得完满的结局。三是具备独立的生活能力，不致自己被抛弃。“杠杆女”将男人捧起，却也保持住了自己的地位。这样一来，男人就不会因为地位的悬殊而看不起她们，更不会将她们抛弃。四是乐观的心态让她们左右逢源。“杠杆女”具有乐观的心态，生活不好时，她们不会自怨自艾；生活富足时，她们也不会骄傲自满。

第五，温柔体贴，态度可人。温柔是女性的本色和天性，这是由她们的感情特点所决定的。女性都富于同情心，比较懂得关心和体贴他人，比较容易让人接近。这些都是男性们自愧不如而心驰神往的。英国诗人罗伯特·白朗宁说：“它是最美的美容标本，是金钱所难买到的。它是柔软的枕头，它是沉静细腻的声音。只要你听到一次，就会终生难忘。”柔情似水，似乎是柔弱无力的，但水可以穿石，柔可以克刚。所以说，温柔是女性的可爱处之一，缺少温柔的女性，就像花朵没有芳香，是不招人喜爱的。

总之，一个女人以其特有的智慧和善良与老公携手共进，她能读懂男人在各个时期的需要和想法，跟得上男人的步伐，并能不断地提升自己，配合老公在家庭和事业上共同进步，帮助老公在人际生活中，树立更好的形象，在男人失去目标和勇气的时候帮他找到方向，在男人骄傲时能及时帮他把握住重心。这样的女人，不仅在生活和婚姻中和丈夫心意相通，而且在事业上也能帮助丈夫、支持丈夫，让老公在每一天都自信满满。这样的女人就能降服男人、操纵男人。

真正“厉害”的女人，对男人的影响甚至改造是不动声色的。男人心甘情愿自投罗网，而且很美，很享受。

控制坏男人的野性

如果把男人比喻成气球——不安分的本性渴望着超越；容易忽略细节却拒绝一成不变；动荡中需求安定，却找不到理想的停靠点；外在体面圆滑却内心抓狂、脆弱……那么，聪明女人无疑是男女关系中的一方平衡剂，她有着“降服”男人的内功。她可以让他感觉到安全，令他触摸到温暖，使他觉得幸福满足，让他傲慢漂泊的性情沉睡。她就是气球下面的那一支杠杆，不知不觉将他征服，气球飞得再远也系在她的手心。

当今，许多取得一些成就的男人是很容易让女性着迷，甚至为之倾倒的。尤其是在这样一个标榜“嫁个有钱有权人”的时代，成功男士更是很多年轻女性追逐的目标。

有首歌叫《大脸猫爱吃鱼》中唱道：“男人是只猫，女人就是鱼。猫的天性爱偷腥……”的确，男人一不小心就会出轨。曾经统计过男人为什么会出轨？好多网友都在回答：第一，外界诱惑太多；第二，男人的花心和占有欲决定了一切。

美国前总统克林顿的艳遇曝光制造了全世界的丑闻，希拉里做出了最明智的选择：沉默。这种沉默是对待丈夫的，也是对待所有人的。她不想对着全世界大哭大闹，因为她知道所有的人都在等着看这个笑话呢。也正因为她，克林顿才有了下台阶的机会。

希拉里公布了和克林顿曾经有过的生活：“我们聊天，我们在日光浴室、在卧房、在厨房里聊些鸡毛蒜皮的事。我们喜欢躺在床上看电影，你知道，就是那种能放在膝盖上的小巧的个人录像机。”当克林顿和莱温斯基的绯闻在全世界搞得沸沸扬扬，希拉里为了恢复平静的生活，没有表现出丝毫的怨恨和痛苦，责无旁贷地以妻子独特的身份“证实”丈夫的“忠诚”。她宣布：“我相信我比世界上任何人都了解他。”

这种态度让全世界都看到了希拉里是一个多么明智的女人。

当然，很多女人并不一定能做到希拉里那样的明智。在现实生活中，经常见到的是很多女人的小聪明。多少个女人因为自己的小聪明而把自己推向了痛苦的深渊。她们在小聪明的指使下，翻看丈夫的公文包，探询丈夫的行踪，查阅丈夫的手机信息，试图为自己的猜想找到蛛丝马迹。当她们把这些想法付诸行动的时候，也就由小聪明变成愚中之蠢了。一些破裂的家庭中，在很大程度上，真正的元凶就是女人的小聪明。就这样，在自己的无意识中把自己优秀的丈夫推给了别的女人。小聪明让女人在一些事情上只会想象和猜想，最终让女人钻入牛角尖，而智慧的女人会在一些事情面前去分析，去寻求最理想的解决方案，这两种女人之间横隔着的就是——理智。

所以，在遇到这样的事情的时候，她们做出了许多愚蠢的事情，这是不应该的。要知道，十男九“色”。作为女人，随时都可能身处在所爱男人的“猎色”危机之中，心中的紧张只有女人自知。所以，作为妻子，就要帮助丈夫看清男性潜意识中消极面对人生对情感、对他所爱的女人及家庭潜藏的巨大危害，使他时时警觉，成为自制力强的好男人。

那么，女人如何控制“坏”男人的野性呢？

第一，懂得经常用心而适度用威。女人要防止男人婚外情的产生，最有利的方式就是多对男人用心。有些女人会觉得这样对女人不公平，其实，夫妻的关系，需要以心换心来实现，理智地付出，拴住男人的心。在拴住男人心的基础上，遇到危险信号，只需适度给予警示就可以了，这样男人也就更容易操纵了。

第二，抓住男人蠢蠢欲动的萌芽期。不少妻子，整天盯着丈夫，虎视眈眈，其实真的没必要。可以从生活细节上、点滴的相处中留意，他稍有“风吹草动”，你就可以明察秋毫。当然，你还需要相信和宽容你的丈夫。在对他工作和生活的悉心照顾中，还要留意他的情绪变化和心理波动，用女性的善解人意来化解他的不快，让他能得到充分的宣泄，不给外人以机会。

第三，防止老公的办公室恋情。找机会参加老公与同事的聚会，在聚会中如果有人取笑老公与单位的某某女人，或乱开老公的玩笑，一般说明老公还没有办公室恋情。如果有老婆在座，大家谨小慎微。当你主动开你老公的玩笑时，不仅所有的同事都显得拘谨不自然，你老公更会神情紧张，那就极可能有问题，因为在婚外情上，一般是“笑假不笑真”。如果有，弄清是哪个女人，再打听出这个女人的家庭关系和相关情况，自然可以应对。

第四，用小伎俩抓住男人。初级伎俩就是团结一切可以团结的力量，老公的父母自然不用说，绝对是第一争取的对象。老公的亲朋好友也是一样，他总不希望众叛亲离吧。中级伎俩就是要有自己的独立意识和主张。经济的独立当然也很重要，不依附的女人才会有独立的人格，独立的人格才有闪亮的光辉。无论是做事还是做人，都要有自己的主张。记住，附属卡的命运永远只能在主卡之下。最高级的伎俩当然就是付出自己的真心。任何一个有爱的家庭都会有无限的吸引力，再豪华的宾馆、再奢侈的夜生活也抵不过家庭散发的温暖气息。所以，付出真心，让家有爱，不管他是地球人还是火星人，都会乖乖地守候着这个家。

女人这辈子要勤于思考，而且想事情不能太简单。女人的成熟不是用年龄来证明的，而是用智慧来衡量的。

如何博得异性的喜爱

爱能够强求吗？男女一接触，就必然产生爱情吗？很显然，这是个误区。要想获得爱情，男女都必须博得对方的好感，各自都必须了解自己的优点和缺点，特别是在爱情方面的两性不同特点。了解这些，才能成功操纵爱情，才能博得异性的爱。

第一，对恋爱的态度，两性有所不同。一般来说，女性认为“亲密”是爱情最重要的因素。女性在恋爱中渴望得到的是和男性建立起亲密的关系，即她们追求在感情方面的高度接近。因此，女性只要爱上一个男性，用情就很热烈。而男性却把“吸引”视为爱情中最重要的部分。男性在爱情生活中，往往把自己的才学、能力与异性的美貌，柔情的相互吸引作为支柱。他们希望女方对自己一往情深，却觉得自己付出柔情蜜意是一种柔情的表现，有失男子的气度。所以，即使热情如火，也不愿意做出过于坦诚的表示。

第二，择偶标准的差异。当代青年择偶，女性更注重男子的才华、职业、经济等条件，男性则更注重女子的体貌、性情、趣味等条件。总的来说，仍是“郎才女貌”。另外，女性的择偶心理比较实际，具体条件比较多；而男性的择偶心理则比较浪漫，幻想成分多一些。

第三，追求爱情形式的差异。选择恋人，追求爱情，男性往往更强烈和主动。由于他们择偶更注重异性的外表，一张美丽的面孔、一个动人的微笑都可以让他们动情，并很快坠入情网。在对女性的追求中，男性不喜欢谈来谈去的“马拉松”式爱情，他们在初期就常常表现出强烈的成功欲望和占有欲望。女性与男性不同，她们寻觅恋人，往往希望找到一个可以信赖、依靠的终身伴侣，更注重恋人的内在品质和实际本领。

第四，情感表现的差异。男女在恋爱中的情感表现不大相同，即使是热恋阶段彼此感情都达到强烈程度的时候仍然不尽一致。从气质上说，男性一般反应迅速强烈，意志坚强，勇敢胆大，感情洋溢，但易起伏。这种气质反映到恋爱过程中，往往是他们对爱的感受喜形于色，溢于言表，把自己的想法、态度，充分坦率地表露出来，行为较少顾忌，不多深思后果，易冲动，感情强烈和受到刺激时不善控制自己，如急于用亲吻、拥抱等亲昵的形式表达爱。女性的气质多为多血质，她们一般沉稳持久，灵活好动，情绪多变，感情充沛而脆弱。体现在恋爱过程中，则是她们感情羞涩而少外露，善于掩饰自己，表达爱慕常感到羞口难开，喜欢用婉转含蓄、暗示的方法而不喜欢过早用动作、行为的亲昵来表示。

第五，对爱情感受的差异。感受爱之情，男子往往粗心，不能仔细观察、体察女方的心理，他顾及大的方面，而不注意小的细节，并视之为“儿女情长”，经常是自己非常喜欢对方，特别高兴，而当发现对方情绪变化时，却感到奇怪，不知所措。女性情感往往细腻，善于体察对方的心理，她们追求爱情的亲密，要求男子的言谈举止都要称心，而常常是马马虎虎、粗心大意的男子不经意的一句话、一件事，也会引起她们的不快和伤感。

第六，对爱情的波折承受力的差异。爱情有波折，包括恋爱过程中的摩擦和失恋这两种基本情况。对待恋爱过程中的摩擦，男性较随意，他们面对矛盾和争吵往往比较坦然，容易做出主动让步，他们不愿矛盾扩大，张扬起来。女性则往往为一点小小不快就大动感情、激动、不安，甚至哭泣。因为她们最希望得到男子的体贴、关心，而一发生摩擦，不论何因何故，总使她们产生一种希望破灭的危机感。

了解了男女两性在恋爱过程中的不同心理特点，就能采取正确的方法，投其所好，从而赢得对方的喜爱。这也称得上是一种不错的操纵术。

寻找爱情就是寻找精神寄托，寻找人生归宿。现在的社会变得复杂了，社会开放使人们的价值观、审美观、爱情观发生了很大的变化。所以，要想博得异性的喜爱，是需要技巧的。

操纵丈夫，让他赢得众人的支持

任何男人都需要女人的“操纵”，因为他一迈出家门，就要在外面的世界中艰苦打拼。对男人来说，生活就是一场战争，任何人都不可能置身战场之外。在这种情况之下，女人就应当学会去扶持、帮助、支持自己的丈夫，并且在任何艰难时刻或他人对他的抵触面前，坚定地站在丈夫一边信任他。在丈夫骄傲自满的时候，适当地说一些降温的话，让他更加看清自己，进而达到“操纵”他，让人们都支持他的目的。

第一，把表现的机会让给他。

作为一位妻子，在社交场合中，要懂得把更多的表现机会让给男人。这是女人处事的一大原则，也是女人推动男人不断向前发展的一种杠杆。尤其是在公共场合或者朋友聚会时，你千万要记住这一点。

一个女人如果把更多的表现机会给了男人，这会激发他的更多优势，使他对自己更有信心，从而做得更好。有句话说得好：“男人的一半是女人。”因此，女人要给足男人表现的机会，以触动他们积极向上的欲望。

当然，作为成功男人背后的女人，需要你把表现的机会让给男人，并不是说要你委曲求全，而是要满足成功男人的表现欲。从另一个方面来说，把表现的机会让给他，也可以提升他的交际能力，可谓一举多得。

第二，做丈夫的参谋。

妻子的参谋对于提高丈夫的工作效率有重要的作用。妻子作为参谋，是以辅助丈夫正确决策为目标，以出谋献策为手段，对丈夫决策行为产生积极影响的一种过程。因此，正确认识妻子的参谋作用，对辅助丈夫做出正确的决策和提高妻子的素质有着十分重要的意义。

为了有效地发挥妻子的参谋作用，妻子在参谋活动中必须坚持以下原则：

一是“谋”而有度。所谓“度”，具体地说就是妻子在参与决策中首先应考虑如何给丈夫提意见。妻子是为丈夫服务的，一定要根据丈夫的意图提供有价值的信息、资料和建议，切不可不顾丈夫的意图把自己的意见或观点强加给他。向丈夫提建议，还要讲究方法和艺术。有时候，明明是一条好的建议，但由于你在提供时不讲方法和艺术，结果不仅没有收到应有的效果，甚至有时还会引起两个人的不快。

二是“谋”而有备。所谓“备”，就是妻子为丈夫决策提供参考意见时要掌握充分的资料，要做到有理有据。可以说，没有调查研究就不可能有科学的决策。妻子只有对客观事物进行全面的调查研究，在把握事物发展的脉络、认识事物发展过程之后，才能提出有价值的建议。这种建议才能称得上是对丈夫的发展有可行性的建议。因此，妻子要当好参谋，就一定要做好调查研究。

三是“谋”而有据。妻子作为丈夫的参谋和助手，只有深入领会和贯彻丈夫的意图，才能在丈夫决策时发挥有效的作用。同时，妻子的作用发挥得如何，还直接关系到丈夫的工作质量、效率及形象。因此，妻子能否做到“谋”而有据至关重要。

第三，做男人的“镇定剂”。

一般来说，男人的感情和自尊心更容易受到伤害，而男人又不可能像女人那样可以随意宣泄，女人可以撒娇、哭泣。这是一种福分，而男人却往往只能将不愉快的事、失意的事等依靠某一种渠道发泄出来。在这时，当男人的理智被焦躁顶替时，只有懂得做镇定剂的女人，才能理解男人内心的种种无奈和愤怒，并且能融合一种具有镇定的力量，将其化解。因此，女人的镇定作用是男人性格躁动的有效良药。

不仅如此，一个男人尤其是一个拥有高成就的男人，他在处理某些极端事情的时候，他的情绪往往会随着事情的发展而变得极端，做出某些违背常理的事情。这时，作为妻子的你，就应该发挥镇定剂的作用，让男人的情绪由极端转到平衡，使事情得到最佳的解决。这样做，既能避免男人因冲动而做出有悖常理的事情，也能使成功男人看到妻子的独特一面。这更有利于帮助男人将事业的金字塔堆砌得更高。

一个精明能干的女人应该知道，丈夫是你甘苦与共的伴侣，更是你同舟共济的伙伴，他的失意需要你来慰藉，他的慌张无措需要你来安抚，他的错误需要你来指正，他的心灵需要你来体贴。而懂得这些的女人不仅不会削弱和破坏丈夫的事业，反而会树立一个良好的榜样，促使丈夫完成更出色的业绩。

因此，女性请记住：不管在什么年代，镇定是女人的独特药方，这种药方让男人觉得安稳安心，可以给男人带来最沉稳的梦。

好女人可以造就优秀的男人，贪婪的女人也可以造就贪官。

轻松获得幸福的九部曲

爱情是怎样发生的？你是否已经体验到了爱情？什么样的爱情才是成熟的？在感情的处理上，每个人都要讲究些策略，如果不懂得运用策略，很容易影响男女之间的正常交往。

法国现实主义小说家、《红与黑》的作者司汤达曾对爱情的发生过程作了详尽的描述：

第一，所有恋爱的开始，都是一种冲动。不管是由于赞美引起的冲动，还是由于某事引起的冲动，都是在相互谅解下产生的欲望。所以，在托尔斯泰《安娜·卡列尼娜》中，乌隆斯基一边走下火车，一边仿佛梦幻似的想着："卡列尼娜夫人实在太美了……她那样子看我，是什么意思？"

第二，这种冲动，注意力容易集中在某一个人身上。当这个人不在眼前的时候，更加能促使恋爱的发生。所以，法国近代散文家、批评家和哲学家阿伦说："女性最大的魅力是当她姗姗来迟或不在眼前时。"这是因为，使我们冲动的对象，假如经常出现在眼前，就立刻可以了解她的弱点。反之，当你所钟爱的人不在眼前的时候，我们就会用她所有的长处和优点，塑造一个"理想的对象"。司汤达把这种情况称为"结晶作用"。经过这种"结晶作用"后的恋爱对象，与其本来的面目已经有了差异，变得更完美了。正因为如此，法国一位重要的小说家普洛斯特也说："恋爱是主观的东西，我们所爱的并不是现实的人，而是主观创造的人。"

第三，经过第一次结晶作用后，再度相逢，这时，对于恋情已经没有任何危险的影响。因为这个时候，我们的冲动已经达到顶点。当对方出现在眼前时，所看到的已经不是他真实的面目，而是经过结晶作用后的面目。对方即使是平凡的谈吐、性情或理智上具有某些缺点，都不会使我们在意。我们看到对方就觉得喜悦，这全然是出于心灵的作用。

第四，停留在这种状态下的恋爱，无疑可以给我们欢乐。但是，炉灶中没有木柴就无法燃烧。这燃烧起来的爱的火苗，假如没有新的希望和追求不断地加以补充，帮助它燃烧，恐怕很快也会熄灭。一个眼神，一次握手，稍微热情的谈话等，都能帮助爱的火苗继续熊熊燃烧。

第五，这种状态持续下去，彼此都产生了爱情，都怀着一种至高无上的美感，这自然是幸福的。但是，别以为这样已是万事大吉，可以高枕无忧了。假使那样，有时也会扼杀爱情。多数男女在刚开始恋爱的时候，怀疑心总是很重。所以，与其老是怀疑对方，不如以鼓励性的举止和冷淡的态度交换着表达为好。这对爱情的变化并没有什么影响。在某种情况下使恋人心怀不安，反而有着很大的功能。他会从你的眼神、言语、举止等方面进行分析，寻找那层隐藏着的意义，检查自己究竟犯了什么过失而遭到冷淡。这些事情越是得不到解释，越是可以助长他对你的思念，加深对你的爱情。

第六，所谓“媚态”就是这样产生的。骤然伸出诱惑之手，马上又缩回来，然后再伸出去，这样交替着游戏。为了唤起爱情，常常使用这种游戏，像小猫追绒球似的。年轻的男人为了他倾慕的女人，常常就这样被捉弄得神魂颠倒。

第七，如果“媚态”过分了，那也会扼杀爱情。一旦他发现了她的这番游戏，他或许就因为深感苦恼而远离了她。

第八，在进行这场“残忍”的游戏时，也要设法在冷酷的举止中挑起对方的希望，这样才能使游戏持续下去。不过，恋爱中是不是必须采取这种游戏呢？不。聪明的男女会因为爱情、亲切和互相的利益而终止这种捉弄人的故作媚态，而是用宽大的胸怀说：“因为我爱你，所以我会照你的话去做，我也乐于这样做。”如果对方确是足以信赖的人，彼此互信互爱，常常就可能产生甜蜜的恋情。

第九，彼此产生爱悦的时候，是恋爱最快乐的时刻。这时，形成了重要的结晶作用，只求能见对方一面。即使不说一句话，也不会觉得被冷落。因为这时，在彼此的心目中，都是理想化的“梦中情人”。这种状态如果能持之以恒，那确实是非常美的生活。

爱情就是树上的果子，你得慢慢地培育它，不能性急。果子没成熟，千万不要去摘，青果子的味道是苦涩的。经历了爱情的九部曲，爱情的果子就成熟了。那时，你就可以充分享受爱情的甜蜜与幸福。

爱就是它本身，没有任何附加条件。爱又是平等的，它不占有，也不被占有，因为爱在精神中升华，就必然在爱中得到满足。

第五篇

社交操纵术：操纵他人心理，实现交际制胜

人的一生中有很大一部分时间是在参与社交活动。如果你希望改变自己的不良心情或者不利处境，如果你想知道那些成功者是如何运用他人的能力，如何在瞬间与陌生人变成朋友，如何毫不费力地把事情办好，那么你就要练就社交操纵术，读懂人心，掌控人际交往主动权，成为交际中的王者。

读懂人性规则，交友要有势利眼

现今是市场经济社会，人人自危，人人都有不同程度的压力感。试想，如果你正处于只能维持最低的生活水平或者正处于事业发展的紧要关头，你只能“有事”才“有人”。如果把友谊放在头等重要的位置上，是解决不了生计问题，也不利于事业发展的，更难以操纵人心。

“有事”当然包含许多内容。“有事”时才“有人”，是当前普遍的现象。“求人”办事也就是“有人”，为求发展、达到自己的目标，办事时就要甜言蜜语，否则也是办不成事的。如果“有事”时又“无人”，那只能说明你无法适应当前的社会环境，缺乏处世办事的能力，缺乏维系人际关系最基本的操纵手段。你不通过“有事有人、无事无人”地办成几件漂亮的事情，那你的“友谊”只能是虚设。

没有用处的人，你给他帮忙，只能让他空添内疚。多帮有用处的人，并不意味着不帮好朋友，两者并不矛盾。话又说回来，为人要知恩图报，别人帮了你，而你不图回报，岂非“不够朋友”吗？

按中国传统心态来看，社交不应该有目的，应该“以德会友，别无所求”，应该奉行一种无为哲学。谁要是在交往中注重了交往对象的使用价值，然后想方设法接近他、利用他、操纵他，这就被认为“太势利”。

根据现代社会的交际观念，社交有三个基本目标。我们不能只强调信息共享、情感沟通而拒绝相求相助。我们不能把相求相助都当成“势利”来看待。为了相求相助而社交，这不是“势利”，而是人类有别于其他动物的一种社会性行为。

我们不妨设想，有这么一个人，他既不能与你信息共享、情感沟通，也不能与你相求相助，你会与他交朋友吗？恐怕不会。由此可见，人际交往还是有选择的，选择就是一种目标的体现。

建立“关系”可以用一个简单的方式来说明。首先，要认清目标，接着找有相同需求的人，操纵他，最后与之联系，建立关系。

有人单靠直觉建立“关系”，有人则要努力不懈，才能拓展一点儿“关系”。前者往往难以预料结果如何，后者比较知晓拉拢关系的“天时地利”。掌握拉拢关系的“天时地利”，有人总结了一套技巧，现介绍如下：

第一，制造自然接近对方身体的机会。这是某位评论家在杂志上提到的，当他在百货公司买衬衫或领带时，女店员总是会说：“我替你量一下尺寸吧！”每当这时，这位评论家都会在心中说道：“嗯！这种方法真不错，我上当了。”这是因为，对方要替你量尺寸时，她的身体势必会接近过来，有时还接近到只有情侣之间才可能的极近距离，使得被接近者的心中兴起一种类似谈恋爱的兴奋感。每个人对身体四周的地方，都会有一种势力范围的感觉，而这种靠近身体的势力范围内，通常只能允许亲近之人接近。相反，像这位评论家一样允许别人进入你的身体四周，就会有一种已经承认和对方有亲近关系的错觉。这一点对任何人来说都是相同的。因此，只要你想及早发展亲密关系，就应制造出自然接近对方身体的机会。

第二，对初次见面的对方，采取位于旁边的位置。每个人都有同感，就是和初次见面的人对面谈话，真是一件不好受的事。这是因为，两人的视线极易相遇，而导致两人之间的紧张感增加。一位富豪曾经谈起，如果他不愿意借钱给对方，他就会和对方面对面交谈。这样谈话会使对方紧张而不敢乱开口，即使借给了他也不敢不还。相反，借钱不还的，都是坐旁边位置谈话的人。与人交谈时坐在旁边的位置，自然就会轻松下来。这是因为，不必一直意识到对方的视线，而只在必要时看他的视线即可。坐在对方旁边的位置与之交谈，对亲近感的增加很有帮助。因此，和初次见面的对方要增加亲近感时，最好避免和他面对面地交谈，应尽量坐在他旁边的位置，才能令对方的视线有转移之地，同时也不会产生紧张感，所以能很快建立亲近感。

第三，见面时间长不如见面次数多。对一名成功的推销员来说，经常到主顾家中去，被认为是和主顾熟悉的要诀之一，尤其是以“来附近办事，顺便看看你”这种说法，更能抓住主顾的心。像这样习惯于亲近的方法，在心理学方面被认为和学习一样。一般对学习的看法，认为集中学习不如分散学习来得有效。譬如，我们一天用功 2 小时，连续一个礼拜，比一口气熬夜念 12 小时更加有效。此外，到驾驶训练班学习驾车，一天的练习时间也都有一定的限制，绝不会让你超出时间，也是利用这种分散学习的规律。

在人际关系方面，使对方产生亲近感，是给予对方好印象的基本条件。而要满足这项条件，利用这种“分散效果”，可以说是给对方强烈印象的最好方法了。

一般而言，整夜在一起喝酒的朋友和有长时间交往的朋友相比，乍看之下好像前者的人际关系较稳固。但实际上，这种关系如不加以持续，那么两者之间的交情就会越来越淡，这一点是显而易见的。譬如，有人问你：“你和某人的关系如何?”而你回答“我见过一次”和“偶尔会见面”，那么给人的印象就不同了，而和“常见”这个回答又更不同了。道理显而易见，见面的次数和两人之间的亲近度是成正比的。

做人就是要有一点“势利眼”，那样才能求得财运亨通，仕途顺利，人生美满!

让人喜欢就要提升他人的价值感

人类本质里最深层的驱动力就是希望具有重要性。事实上，每个人都希望自己是重要人物。大家愿意做所有事情，无论是好事还是坏事，只要能得到自己是重要的感觉。

纽约电话公司曾针对电话对话做过一项调查，看在现实生活中哪个字使用率最高，在500个电话对话中，“我”这个字使用了大约3950次。这说明，不管你是什么人，不管你实际状况如何，在内心中都是非常重视自己的。

美国学识最渊博的哲学家约翰·杜威说：“人类本质里最深远的驱策力就是希望具有重要性。”每一个人来到世界上，都有被重视、被关怀、被肯定的渴望。当你满足了他的要求后，他就会对你重视的那个方面焕发出巨大的热情，并成为你的好朋友，这是一种不错的操纵人心的手段。

现实生活中，有些人之所以会出现交际障碍，就是因为他们不懂得或者忘记了一个重要原则——让他人感到自己重要。他们喜欢自我表现，喜欢夸大吹嘘自己。一旦事情成功，他们首先表现出的就是夸赞自己有多大的功劳，做出了多大贡献。这样从另一个侧面来说，就是向他人表明：你们确实不太重要。无形之中，他们伤害了别人，当然最终也不利于自己。

人类行为有个极为重要的法则，这一法则就是时时让别人感到重要。如果我们遵从这一法则，大概不会惹来什么麻烦，而且可以得到许多友谊和永恒的快乐。但是，如果我们破坏了这个法则，就难免招惹麻烦。

有这样一个小笑话。

有一个人请了四位同事到他家里吃饭，他非常真诚地摆了一大桌酒菜。三位同事如约而至，只有一位仍不见踪影。主人在门口急得东张西望，搓手跺脚。一位同事从里头跑出来，安慰他不要着急。谁知，这位老兄随口甩出一句话：“该来的不来。”旁边劝他的这位同事一听，心里想：“这样说，我岂不是不该来的。”咣当一声摔门而去。里头另一位同事见状，急忙出来好言相劝。哪知，这位老兄又从嘴里蹦出一句：“唉！不该走的又走了。”本来相劝的同事一听，立刻怒从心起：“不该走的又走了，那意思不就是该走的不走。得，甭解释了，我走了。”最后，在屋里等的那位同事急忙出来帮着主人挽留客人。可惜这位老兄口才实在不佳，竟然又冒出一句：“我根本不是冲他们说的。”最后那位客人一听：“噢，你不是冲他们说的，那不就是冲我说的吗？算了，我也不留了，一起走吧！”

这虽是一则笑话，却深刻地反映了人们渴望被人尊重的心理。

那么，怎样做、怎么说才能使人们觉得他们特殊呢？这里有一些操纵手段，不妨用一用：

第一，尽可能多地使用他们的名字。有人说，人的耳朵最喜欢的声音是他们自己名字的发音，因为这是属于他们自己的独一无二的声音。如果你经常使用它，那就意味着你真的关心他们，那会使他们觉得自己是重要的。

第二，聆听他们。这听起来很简单，而它也确实很简单，只要你认真对待。但如果你是假装的，那它就会成为世界上最难的事情。抛开关于自我的想法，聆听他们对你说的话。

第三，称赞并认可他们的成就。这不必是什么重大的事情，小事情也可以。你可以说：“有一天，我路过你们家花园，你种的花草长得多好啊。”这句话也很有效。或者说：“你的领带很好看，与这套西装搭配得很好！”注意到并说出人们的独特之处，能够使人们觉得与众不同。

第四，如果有人等着与你见面，一定要向他们打招呼。千万不要忽视等着与你见面的人，即使你只会意地看他们一眼，并让他们知道你很快就会到他们那里去。这将使他们觉得你很在意他们。

第五，当有人问你问题的时候，停一会儿再回答。这使他们的问题看起来很重要，因为它意味着你在花时间思考他们提出的问题。

第六，当你在团队中的时候，要关心每一个人。要记住，任何团队实际上都是由单个的、需要被认可和被欣赏的人组成的。当你向一个团队讲话的时候，你要看着每一个人，向他们说话，让他们知道你觉得他们是重要的。

每个人都希望自己是重要人物。大家愿意做所有事情，无论是好事还是坏事，只要能得到自己是重要的感觉。

适当抬高自己的身价

一个人要想出人头地，必须用点儿“操纵术”。适当抬高自己的身价，多为自己做广告。这要比待在角落里等着被别人发现强百倍，甚至千倍。

做人要想成功，抬高自己的身价是很必要的。只有这样，你才能为众人所认同。当然，这需要你冒很大的危险，但成功概率也非常之高。那么，如何抬高自己的身价呢？适当地掌握点“操纵术”是很必要的。

刘备自称汉中王，要把大本营迁到成都。因此，必须挑选一名大将镇守汉中。选谁呢？一班人等，包括张飞本人，都认为非张飞莫属。不料，刘备却看中大将魏延，破格让他担任镇远将军，兼汉中郡太守。结果一公布，全军震惊。

刘备在一次宴会中，问魏延：“如今，我委托你担当重任，你有什么打算呢？”魏延的话真提气，他说：“若曹操举全军来犯，我为大王抵挡他们；若曹操派偏将统率十万兵力来犯，我为大王吞下他们。”

刘备听了，心里爽极了，在场文武官员也啧啧称羡。后来，张飞等人也没什么意见。看来，魏延这牛皮吹得很有水平。

那些拥有惊世才能的人，不懂得表现，就等于自我埋没。谦虚固然是一种美德，但如果过度，也不会得到老板青睐，给人的感觉是这个人平凡无奇，没有才华。

所以，成功需要适度地自我推销。古时尚有“毛遂自荐”，何况生于现今的我们。为什么要害羞呢？自己的命运，自己把握。

现在的社交崇尚自我表现。在交际应酬中不会适当抬高自己的人，很难获得高质量的交际效果。善于交际应酬的人，总是尽量把自己的长处呈现于朋友、同事面前。比如，伶俐的口才、渊博的学识、温文尔雅的举止、典雅的服饰，都会给人带来良好的交际印象。所以说，抬高自己，在一定意义上说就是努力表现自己，在无声无息中操纵他人。

适当抬高自己并不等于自负，不懂表现就等于自我埋没。

美人操纵英雄

美色也可以起到操纵人心的目的。为什么这么说呢？因为女人的魔力，好像是上帝专门为征服男人创造的。人们常说：“英雄难过美人关。”又说：“自古英雄皆好色，若不好色非英雄。”由此，“美人计”应运而生，且几乎被认定是“所向披靡”的计谋。甚至连英雄也被美人攻克，为美人倾倒，可见美色是何等有威力，又是何等惹人喜爱。

美人计是用女色诱惑敌人，使敌人贪图安逸享受，斗志衰退，从而造成内部分崩离析，继而一举歼灭的策略。这一操纵术，不能只从字面理解，还要理解为通过敌人可以信赖的人和事，来左右敌方，使敌方斗志涣散，意志消退，从而一举战胜对方。

越王勾践被吴国打败后，便送美女西施和奇珍异宝来取悦吴王夫差，使其贪图安逸享受，放松警惕，迫害贤良。尔后，越国乘机出兵，反败为胜，灭了吴国。

董卓专权，滥施杀戮，有篡位之心，其与义子吕布皆为好色之徒。司徒王允巧使美人计，以貂蝉为饵，使二人反目，吕布杀了董卓，挽回了汉朝天下。

周瑜为要挟刘备交还荆州，要孙权使嫁妹之计，引刘备入吴招亲。结果，刘备娶了孙尚香后逃回荆州。东吴只落了个“周郎妙计安天下，赔了夫人又折兵”的下场。

刘邦当年御驾亲征，讨伐勾结匈奴造反的韩王信。不料兵困白登城，内乏粮草，外无援兵。幸亏陈平巧施美人计，使得冒顿单于神魂颠倒，放走了刘邦。不然，刘邦早成了刀下之鬼。

洪承畴系明师统帅，乃中原才士，文武双全。不料，兵败锦州，被清军俘获。清太宗想利用洪承畴做开路先锋，吞并中原。可洪承畴一意拒绝，且绝食明志。清皇后博尔济吉特氏亲自出马，终使洪承畴这样一位贫贱不移、威武不屈的英雄豪杰挂缚于美人的钗裙之下。

试想，千年以来，为何简简单单的美人计竟然可以达到谋利生财，断送他人性命，甚至使国家倾倒的结局呢？其实，道理很简单，就是因为使用这个计谋的人抓住了常人皆有“色性”的弱点。大圣人孔老夫子曾喟叹说：“吾未见好德如好色者也。”可见“色性”之人多矣，既然有如此多的“色性”之人，又岂能不使这一计谋广为用之。

由此可见，以软制硬，以柔克刚，以及人性中对“色性”的痴迷正是美人计屡次得以成功使用的根本原因所在。即从心理上对敌人进行干扰和打击，从意志上对敌人进行瓦解和摧毁，或者用柔和的办法来制服刚强的敌人，以此达到拉拢、利用的目的。

当然，提到美人计，很多人会想到女人，认为“红颜祸水，最毒妇人心”，可这些都是女人的错吗？如果在一个只有女人的世界中生活，女人肯定不会被称为祸水。如果在一个男人都懂女人、都理解女人的世界中生活，那么女人也不可能成为祸水。其实，无论是“红颜祸水”还是“最毒妇人心”，这些都是男人无节制，在美色面前失去理智的结果，才使得千古绝唱的美人计有了发挥的余地，而且其威力能胜过千军万马，使得大事化小、小事化无。不动一刀一枪，也能破解千军万马之势。

“英雄难过美人关”，这是人性使然，没有绝对的谁对谁错，只在于人性的本质。因为你的人性本质是贪恋美色的，所以“美人计”在你这里才会得以实施，而且效果非常，反之则不尽然。

以衽席为战场，以脂粉作甲胄，以盼睐是枪矛，以颦笑似弓刀。

如何让陌生人喜欢你

在人际交往中，不少人对如何与陌生人套交情，多少都有一些抵触心理，不是胆怯就是不屑，或是无从谈起。但是，我们一定要意识到，与陌生人沟通、来往是个绕不过去的坎、非跨不可的沟，不但要正视它，而且还要面对它，更重要的是懂得怎么做才能真正帮助你搞好与陌生人的关系。

与陌生人搞好关系并不难，在社交中，人们通常都希望出现令人愉悦的场面。所以，只要你懂得一些套交情、活跃气氛的操纵术，就可以让自己与陌生人的交往变得轻松起来。

那么，如何把气氛搞活，把陌生人变成好朋友呢？

第一招：夸张地赞美。在和陌生人见面之前，应该从侧面了解一下对方的情况，尤其要知道他有什么优点或者特长。当见面介绍寒暄之后，抓住机会，借此发表一番“外交辞令”，把他的才能、成就、天赋、地位、特长等进行一种夸张式的炫耀与渲染。这不仅活跃了气氛，也让对方感到自己深深地为你所了解、所倾慕，一箭双雕。尤其是利用这种方式把对方推荐给第三者的时候，更加有效果。

第二招：打破严肃。在生意场上，尤其在和第一次打交道的人见面时，需要一点庄重。但自始至终保持庄重气氛就会显得紧张，而且效率不高。这个时候，如果你能够采取一种寓庄于谐的交谈方式，就会让气氛大为活跃。让彼此在轻松的氛围下进行生意上的交谈，会带给你意想不到的收获。

第三招：来点小恶作剧。当和对方交谈到一定时候，利用恰当的时机，善意地、有分寸地来点恶作剧并不是坏事。双方自由自在地嬉戏，享受不受束缚的“自由”和解除规则的“轻松”，是非常难得的事情。恶作剧具有出人意料的效果，它起于幽默，导致欢笑。但是，在用的时候要小心，分清对象。如果对方是一个非常严肃而不苟言笑的人，此招慎用。

第四招：拿自己说事。能够自我贬低、自我解嘲的人往往是成熟的人。

这种适当的自我解嘲用在和陌生人交谈的时候，非常有效。贬抑会收到欲扬先抑、欲擒先纵的效果。同时，自我贬抑又可以把尴尬、严肃的气氛活跃起来。除此之外，你还可以偶尔故作滑稽，让别人看到你的缺点。这样做不会对你有什么坏处，相反，人们突然观察到这种变化，会有一种特殊的新鲜感。同时，别人在看到你这样收放自如的举止时，会对你更加钦佩。

第五招：利用道具化解尴尬。和初次见面的人，也许开始的时候陷入尴尬，也许出现冷场。这时，你随身携带的小道具便可发挥作用。比如，你可以掏出自己的钥匙，做个借题发挥。有时候可能仅仅是一把扇子，也可以引发很多话题，可唤起大家交流的兴趣。

第六招：没话找话。与陌生人首次交谈时，最好寻找对方也熟悉的人和事，以此牵线搭桥，引出话题。还可以巧妙地借用彼时、彼地、别人的某些材料为题，借此引发交谈。有人善于借助对方的姓名、籍贯、年龄、服饰、居室等，即兴引出话题，常常会收到好的效果。当别人进行自我介绍时，你可以在他的名字上表现出你的兴趣。比如，你可以重复他的名字，并夸这个名字很好听，如"很少有人会有这样的名字""你的名字很有品位"等。你也可以再具体问对方名字的写法，以示你对他的重视。这样一来，你会迅速赢得别人的好感。

第七招：投石问路。可以在交谈时先提一些一般性的问题，以便投石问路，在大概了解后再有目的地交谈，便能说得更加自如。在听对方说话时，要注意力集中，不能随便去否定对方的观点。一旦你和陌生人开始找到了话题，并不断深入地了解，便会发现，你所认为的第一印象其实是片面的，而且在交谈中对方也会调整视角，进一步审视你，两个人在性情、兴趣、思想的碰撞后，就有可能成为好朋友。

面对初次见面的朋友，为了搞活气氛，不仅要善于套交情，还要注意说话的方式方法，千万不能因为一时"嘴快"而得罪了对方，那势必会让你前功尽弃，懊悔不已。所以，在与陌生人交谈时，我们也需要注意以下问题：

首先，在和陌生人开始交往时，要表现出对别人的兴趣。每个人都觉得自己很重要，每个人都希望被看重。如果对方感觉到你对他的事情表示关注，那他就会认为他在你心中已经有了位置。被别人关注的感觉真的很好，如果第一次和别人交往就被关注，那就更极大地满足了自己的自尊心。

其次，让他人感到自己重要。第一次和别人交谈的时候，一定要让别人觉得他很重要。那么怎么样才会让别人觉得他很重要呢？我们从话题这个角度上来看一下。在和别人的交谈中，一个好的话题往往能让别人滔滔不绝，一个不合时宜的话题会使人三缄其口。

最后，不可目中无人。古话说："谦受益，满招损。"谦虚的态度会使人感到亲切，目中无人摆架子则会使别人难看，让自己孤立。所以，我们在和别人打交道的时候，一定不可目中无人。富兰克林在年轻的时候，言行不可一世，处处咄咄逼人。他父亲的一位挚友看不过去，对他进行了一番教诲。就是这番话，让他一改以前目中无人的行为，让他重新得到了朋友们的支持和帮助。

和陌生人交往时，要十分慎重，遇到自己值得信任的人才能拉近关系。信任的第一特征就是对对方有好感，而你对这个人有了好感，你们之间就会有共同的话题和兴趣爱好，很容易就能拉近关系。要大方一点，积极帮助别人，更重要的还是要热情。

成为永远受欢迎的人

对于一个人来讲，受欢迎意味着社会对其人品、人格魅力等一切行为的认可和赞同。在日常工作生活中，建立良好的人际关系，得到大家的尊重，无疑对自己的生存和发展有着极大的帮助，也会使自己有一个愉快的工作氛围，可以使我们忘记单调和疲倦，从而对生活有一个良好的心态。

人人都希望自己能受到别人的欢迎，但要做到这一点，并不是很容易的。卡耐基总结自己的经验，为我们提出了他的见解。卡耐基指出，如果我们只是要在别人面前表现自己，使别人对我们感兴趣的话，我们将永远不会有许多真实而诚挚的朋友。真正的朋友不是以这种方法来交往的。

也许你学识渊博，也许你能言善辩，也许你谈吐文雅，可是，仅仅拥有这些，你也不一定会成为一个受欢迎的人。即便你圆滑无比，也总有人看你不顺眼，这就是人性的微妙。现今人与人之间的关系已被看作一种艺术，里面有着太多太多的学问。

人际交往中，别人喜欢或者厌恶你的感情，是由你的社交水平、品位以及为人处世的方法所决定的。同时，它也可以决定你事业的成功或失败。

平时，我们常常听到不少人对怎样处理好人际关系感到棘手，抱怨甚多。其实，只要我们为人正直，用心并努力，做个受人喜爱的人并不难。如何成为一个处处受欢迎的人呢？不妨参照以下十点去做：

第一，注意朋友之间的友情。哲学家培根说："友谊使欢乐倍增，使痛苦减半……没有真挚朋友的人，是真正孤独的人。"朋友间的深情厚谊比任何金银珠宝都要贵重、美好。

第二，善恶分明。生活中美好的事情能做的要积极参与，不能做的要尽力支持；而面对邪恶，则要挺起胸膛，敢于正视和斗争。

第三，相信人的善良本质。不要总是从坏处去推测别人，没有一生下来就坏的人。

第四，说真话、办实事。说真话、办实事会使人心里踏实而感到轻松愉快，而弄虚作假、相信迷信则易使人惴惴不安，成为心理健康的大敌。

第五，慎“独”。独自一人时做错事，往往要比在公开场合做错事所承受的压力大得多。所以，个人行为一定要慎重。

第六，莫嫉妒别人。嫉妒很容易使你疏远别人，并且心理上失去平衡。与其羡慕别人的成就，不如自己去努力争取。

第七，少发脾气。常发脾气不仅会使矛盾激化，影响人际关系，也会因情绪不稳而对自己的健康贻害无穷。

第八，莫论人是非。闲谈莫论他人是非，轻者朋友、同事翻脸，重则会闹出人命，对人对己都会增添无谓的痛苦。

第九，敞开心扉。一向开诚布公、以诚相待的人，才能得到别人的信任和理解，才能受到别人的欢迎，轻松愉快地生活。

第十，远近兼顾。想问题办事情，切不可顾了眼前误了长远，急于求成。急功近利的人，收拾残局时心理压力更大。

相反，以下十种做法最不受欢迎：

第一，支配他人。喜欢施恩于他人，使自己处于有利地位，固执己见，目中无人的人都不会受欢迎。

第二，内心灰暗。对他人和事情总是持否定态度，讲话方式和神态让他人感到压抑，总让人觉得有所隐瞒。这类人没有人会喜欢。

第三，以自我为中心。这类人很少顾及他人，不清楚自己的处境，过分固执，心术不正，只想教训他人。

第四，轻薄。这类人缺乏做人的内涵，喋喋不休，信口开河，很少为他人着想。

第五，自我封闭。这类人戒心十足，不能放松地倾听对方说话，强词夺理，只想保护自己，懦弱、退缩、装腔作势，使人觉得不坦率。

第六，不信任别人。这类人口若悬河，说话不算话，嘴上说得很动听，却给人不踏实的感觉。

第七，心态消极。这类人遇事退缩，没有勇气，喜欢孤独、不合群、缺乏搞好人际关系的想法。

第八，过分自卑。这类人说话含糊其词，太拘泥于小事，过分敏感，性情乖僻，让周围的人感到窒息。

第九，不负责任。这类人工于心计，一旦出现某些差错便怪罪到他人身上，只会以自己的利益为中心进行思考和行动，常常使人感到不安。

第十，偏执。这类人经常采取极端的态度，凡事爱进行两极思考，还没有等他人说完，就迫不及待地做出反应，做事缺乏主见。

一个人经济方面的成功，大约15%出自技术及知识，另外85%则出自“人类工程”——即人格与驾驭引导人际关系的能力。

不花钱照样办成事

一般来说，当今生活中，人们比较崇尚花钱办事的观点。当然，这是一种正常的思维。想要寻求他人的帮助，首先会想到用什么东西来回报别人。这既是一种礼貌的表现，也是一种办事的手腕。但是，一个真正成熟并懂得办事技巧的人总是在这一点上寻求与大众的不同，那就是不花钱也能办成事。

没钱，还要不要办事，还能不能办成事？

有一个笑话，大概是说，地主让长工去打酒却不给钱，还振振有词："有钱打酒谁不会啊，没钱能打酒才是本事呢！"

原本一笑而过的笑话，却不免给人们带来思考。当今社会，真的是可以不花钱办成事吗？少花钱行不行啊？许多人都明白，花钱做成事应该，少花钱、不花钱做成事才是有本事。

办事的奥妙在于对自己是做人，对他人是攻心操纵。花钱办事，不仅缺乏创意，档次低俗，而且效果持续时间短，隐患持续时间长，把自己和对方都置于十分尴尬的境地。其实，能够用来交换的"东西"很多，就看你会不会运用了，而金钱只是其中的一种。

王先生是美国房地产巨商。有一次，他承接了一笔令他烦恼的房地产生意。这块土地虽然邻近火车站，交通便利，但也有不利之处，它紧挨一家木材加工厂，电动锯木的噪声不断传来，令人难以忍受。

后来，王先生经过全方位严肃、细致的考察，又找了一位想购买地皮的顾客。这次，他改变以往的做法，直截了当地向该顾客说明："这块土地处于交通便利地段，比起附近的土地，价格便宜得多。当然，这块土地之所以没有高价卖出，是因为它紧挨一家木材加工厂，噪声较大。"

王先生见顾客一言未发，就继续说："如果您能容忍噪声，那么它的交通地理条件、价格标准均与您的要求非常符合，确实是您理想的购买之地。"

没过多久，该顾客在王先生的带领下到现场参观调查，结果非常满意。

他对王先生说："上次你特别提到的噪声问题，我还以为很严重。那天，我去观察了一下，发现那种噪声对我来说不算什么问题。我以往住的地方整天重型卡车来往不绝，可这里的噪声一天总共只有几小时，而且卡车通过并不震动门窗。总体来说，我很满意。你这个人挺老实，要换了别人或许会隐瞒这个事实，光说好听的。你这么如实相告，反而使我很放心。"这项业务便轻松谈成了。

王先生成功的秘诀就在于他有经商的好口才，再加上他那虔诚的态度赢得了顾客的信赖。

实际上，许多成功者都用自己的实际行动证明了"不花钱照样办成事"。许多亿万富翁，也是依靠这种操纵术，广交朋友，积累人脉，读懂人心，操纵人心，这样一步一步让自己壮大起来的。

人际交往十分复杂，但起决定作用的还是人的心理。事实上，只要你留意观察就会发现，生活中那些成熟老练的人际交往高手，他们的法宝往往不是花钱，而是做人的境界、处世的功夫。

仁术是一种高超的操纵策略

儒家智谋的具体表现形式是仁术，仁术的具体表现形式就是我们常说的修身、齐家、治国、平天下。仁术的核心当然在于以仁治国治民，但如何才能实现治国治民呢？法家和兵家用强力来压服人心，通过改变社会来改变社会中的每一个人；儒家则主张用个人的人格修养来影响别人，进而影响到整个社会，通过改变社会中的每一个人来改变整个社会。二者的出发点和走向都恰恰相反。这样一来，儒家就把个人的修养看成是实现王道理想的基本出发点。所以，在修、齐、治、平四项中，修是放在第一位的。以修身为中心，逐渐向更大的社会范围衍射。从理论上讲，衍射的幅度——也就是一个人所取得的现实功业的大小——完全是由个人的修养水平所决定的。在这里，儒家为人描绘了一幅无比诱人的蓝图：没有等级的差别，没有门第的限制，没有权力的干扰。总之，一切外在的束缚统统被取消了，只有人的内在世界才是真实的。只要肯加强自己的修养，世界上没有做不到的事情。的确，儒家学说为人的发展在理论上提供了无限广阔的天地和美好的发展前景。这就是儒家智谋作为一种无与伦比的大智谋为中华民族所钟爱的内在原因。

根据《唐史》记载，从刘武周那里投降过来的将领大多数叛逃回去，人们开始怀疑尉迟敬德，把他逮捕，囚禁在军中。

屈突通通过殷开山对李世民说：“尉迟敬德骁勇无比，现在既然囚禁了他，必然会心生怨恨，留下他恐怕有后患，不如就地把他杀了。”

李世民说：“敬德如果想叛变而逃，早就走了，为什么还等到现在呢？”于是，李世民命令赶快释放尉迟敬德，并把他引进自己的室内，赏赐了许多黄金，说道：“请你用大丈夫的意气来对待事情，不要为这些小的嫌疑而介意。我永远都不相信诬陷你的话，你应该体谅。你定要离去的话，这些金银可以资助你，表示我们共事一时的情谊。”

有一次，李世民仅带500兵丁察看阵地。王世充带领1万多人，突然把他团团围住。单雄信引槊直挑李世民，尉迟敬德跃马大呼：“勿伤我主!”横鞭直打，单雄信落马而逃。屈突通领大兵赶到，王世充大败，李世民才免遭死运。

李世民便对尉迟敬德说：“你怎么相报得这样快呢?”这是江湖上英雄惜英雄的大气度、大手腕。既释放他这个囚犯，又引进自己的房内，并且以金相赠，去任自由，不是唐太宗，其他人能做到吗?

古人云：“厚德载物。”现在的很多人虽然很有谋略，但却薄德。他的德很薄，身份却很尊贵，这就构成了一种反差。试看现在有些贪官被查出来了，他们的地位和官位都是很尊贵或者高高在上的，但他们却薄德，自然这样的人官位也很难稳坐下去。

中国的儒释道三家皆讲慈爱：孔子说“仁者爱人”；老子将慈爱列为三宝之首，还说“慈故能勇”；佛门所说的“慈悲”，也是一种大慈大爱——“慈”是给人欢喜快乐，“悲”是拔除烦恼痛苦，千处祈求千处应的观世音菩萨则是最具有“慈悲心”的代表。

一个人可以什么都没有，但不能没有仁德，因为这种计谋对于谋略家来说是一种很高明的操纵人心的智慧。

君子在任何时候，哪怕是在吃完一顿饭的短暂时间里也不离开仁道，仓促匆忙的时候是这样，颠沛流离的时候也是这样。

攻心是最好的拉关系手段

谈话中，没有人会对自己不感兴趣的话题投入过多的热情，而如果遇到自己感兴趣的话题，人们常常会情绪激昂地参与进来。因此，在与对方谈话时，我们就可以抓住对方的这种心理，从而实现进一步的交流。如果你想别人喜欢你，让他人对你产生兴趣，你必须注意的一点就是：迎合他人的兴趣。否则，人际关系沟通就不那么顺利。

人际交往是人与人之间相互作用的纽带。有人说，它是最有用却又最深奥的学问。其实，最深奥的也是最简单的。被西方人尊为人际关系的“黄金定律”就有这样一句话：“你希望别人怎样待你，你就怎样待别人。”换句话说，即“将心比心”。而自称比“黄金定律”更技高一筹的所谓“白金法则”，也不过是说：“别人希望你怎样对他，你就怎样对他。”换句话说，即“投其所好”。不管是“将心比心”还是“投其所好”，人际交往的成功最重要的是要把握交往的基本原则。

在现实生活中，有些人只顾自己的喜乐爱好，一味地热衷于做自己感兴趣的事情，自己想怎么着就怎么着。一旦自己的兴趣与他人产生冲突时，就会给彼此的交往设置一种障碍，影响彼此协调与沟通的进行。人们通常所说的“感情”投资，从某种程度上就是指从对方感兴趣的事情入手，逐渐地取得对方的好感，进而达到双方之间的和睦相处。

有一个人和他的朋友在路上不期而遇。这个人是一个球迷，刚刚欣赏完一场足球赛，兴奋不已！他的朋友是一个歌迷，刚欣赏完一个演唱会，情绪激动！他们都迫不及待地想宣泄自己的兴奋与喜悦。这个人开口说：“你看世界杯了吗？真是太精彩啦！”朋友说：“我刚看完演唱会，简直太棒了！”这个人又说：“C罗的脚法真棒！”朋友却说：“真是很棒！王菲的嗓音真好！”这个人接着说道：“C罗有一脚球传得略高一些……”朋友说：“一点也不高，那种声音真是让人流连忘返。”他边说边唱起来，这个人生气地说：“演唱会一点儿意思也没有。”朋友反驳道：“足球赛才没意思呢，满场人围着一个球在跑，太没趣！”就这样，他们开始争吵起来。

起初，他们各自沉浸在自己的喜悦之中，急于向对方倾吐自己的爱好，却不顾对方的感受。结果，他们为了维护各自的兴趣，发生了无谓的争执，从而破坏了彼此之间的关系。

在人性丛林中，每个人的性格都不一样。同样，每个人的兴趣也都不一样。要想让他人迎合你的兴趣，你必须关注他人的兴趣，而让自己的爱好和兴趣暂时退避，你就能成为一个受欢迎的人和被人所喜欢的人，同时也能维护好你和他人之间的关系。

要想赢得他人的喜欢，在交流之时就要把话说到对方的心里去，抓住对方最关心的问题。

虚实结合，让对方按自己的意图办事

虚非弱也，实非强也，虚实是根据当时的环境或者事情的变化情况而言的。在不同的环境中，虚可变为实，实可化为虚。“实则虚之，虚则实之，虚则虚之，实则实之，虚虚实实，莫辨真伪”——这可能是操纵术中对虚实观的一个最恰当注脚了。

在兵战中，“实则虚之”是指己方在处于不利形势时，要故意伪装成实力雄厚的样子，威慑对手，使其不敢贸然进攻。这是一种以假乱真、迷惑敌人的策略。而在我们当今的生活中，“实则虚之”便可以延伸为不直截了当地去做一件事情，而是将这件事情用另外一种方法加以说明，进而达到目的。这也正是“虚实结合”的妙用，它是人与人之间相互影响的一种特殊方式。通过这种方式，可以巧妙地向对方发出某种信息，并把自己真实的目的融入对方的意识中，使其接受自己的意见，或按照自己的愿望改变他自己的行为。

战国时期，楚国有一位能言善辩的天才大师叫优孟，他善于在谈笑之间劝说国君。楚庄王有匹爱马，楚庄王对此马的看重远远超过对人的看重。他给马披上锦绣的衣服，养在华丽的屋里，马站的地方设有床垫，并用枣脯来喂它。马因吃得太好太多，患肥胖病死了。楚庄王竟然下令全体大臣给马戴孝，不仅准备给马做棺材，还要用大夫的礼仪安葬。

群臣一致反对，认为这样做不对。文武百官纷纷上书，劝楚庄王别这样做。对此，楚庄王十分反感，立即下令说：“有谁再敢对葬马这件事进谏，格杀勿论！”

由于楚庄王的淫威，群臣都不敢说话了。只有优孟一听到楚庄王的命令，立即来到殿门，刚步入门阶就仰天大哭。楚庄王见他哭得这么伤心，感到很惊奇，问他为什么大哭。

优孟说：“这匹死去的马，是大王最疼爱的。楚国是堂堂大国，用大夫的礼仪来安葬，礼太薄了，一定要用国君的礼仪来安葬它。”

楚庄王听到优孟不像群臣那样拼死劝谏，而是支持他的主张，不觉喜上心头，很高兴地问："依你看来，应该怎样办才好呢？"

"依我看来，"优孟清了清嗓子，慢慢说，"以雕工做棺材，用耐朽的樟木做外椁，以上等木材围护棺椁，派士兵挖掘墓穴，命男女老少都参加挑土修墓，齐王、赵王陪祭在前面，韩王、魏王护卫在后面，用牛、羊、猪来隆重祭祀，给马建庙，封它万户城邑，将税收作为每年祭马的费用。"说到这里，优孟才将话锋一转，指出了楚庄王隆重葬马之害："这样一来，诸侯听到大王对死马的葬礼如此隆重，都知道大王认为人卑贱而马尊贵了。"

这么一点，点到了楚庄王葬马的要害，一个统治者竟"贱人而贵马"，必然为世人所厌弃。问题如此严重，不能不使楚庄王大为震惊："寡人要葬马的错误竟到了这么严重的地步吗？怎么办才好呢？"

优孟说："请让我为大王用葬六畜的办法来葬马。用土灶做外椁，用大锅做棺材，用姜枣做调味，用木兰除腥味，用禾秆做祭品，用火光做衣服，把它葬在人的肚肠里。"于是，庄王听从优孟的劝谏，派人把马交给掌管厨房之人去处理，不让此事传扬出去。

优孟在进谏的过程中所采用的策略就是虚虚实实，话里有话的方法。这种方法是待人处世中有效说服对方的技巧之一，其特点就是字面意思暗含说话的本意，让听者自己去领悟，从而接受你的劝说。优孟侍从楚庄王多年，熟知楚庄王的性情，知道对此时的楚庄王，忠言直谏、强行硬谏都不可能起到效果。所以，优孟称赞、礼颂楚庄王"贵马"精神，以此烘托出另一种劝谏的真意——讽刺楚庄王的昏庸，从而把楚庄王逼入死胡同，不得不回头，改变自己的决定。在特定的情况下，采用实则虚之的方法，会收到意想不到的奇效。

人们常说，向前一步就可能变成谬误。同理，实则虚之的话稍加引申就可以成为真正所要表达的意图，它所起到的作用往往比一本正经的规劝和说教效果要好得多。也正如人们登陡峭的险峰一样，如果直接登上去，可能会很危险。但在这时，你不妨采取一些其他的策略，如绕着山路盘旋而上，最后也可达到山顶。

善于直言，不如委婉巧妙地向对方进行暗示，这样可以巧妙地把自己的目的融入对方的意识中，并以此来潜移默化地影响对方的判断，使其不自觉地接受你的意见。

“反客为主”，变被动为主动

“反客为主”原意是指在日常生活里，客人与主人位置倒置，客人的行为、举止俨然是主人，而主人反而成了客人。此计在军事战略方面，往往反映在同盟军中，起主导地位的主盟者，反被颇费心思的从盟方所支配、戏弄，从而进入从盟者所设计的圈套之中。

因此，“反客为主”的策略具有一定的意义。不过，要完成此策略，需要花时间依序进行，也正像《三十六计·反客为主》的原文中所说的那样：第一步须争客位；第二步须乘隙；第三步须插足；第四步须握机；第五步乃为主，做了主人就可以兼并他人的军队了。这就是循序渐进的谋略。

“反客为主”的计谋也与一个人的人生有很大的联系。一个人的一生中，会遇到很多难办的事，难完成的任务，难以见到的人。然而，遇到这些困难时，每个人的解决方式也都不同。但如果在这时，你能以变制变，并利用好这次变化，那么，你就能实现由客位变主位、由被动变主动的目的。

浙江省某知县同本省巡抚有师生之谊，关系十分密切，但与驻防将军却彼此不和。将军见小小的知县竟敢不买自己的账，心中恼恨异常，总想找机会陷害知县。

这年元旦，浙江省文武官员集中在省城，遥对京城皇阙行朝贺礼后，将军秘密地向清朝皇帝上奏折，弹劾知县在元旦行朝贺礼时行动随便，态度不严肃端庄。

不久，清帝下旨，谕令巡抚查办知县朝贺失仪的大不敬之罪，并斥责巡抚对属员的错误不闻不问，犯有失察之罪。巡抚明知这是将军有意诬陷，但面对至高无上的清帝谕旨也无可奈何。

一位经常帮助别人打官司的讼师托人告诉巡抚，说他有一计，不仅可以保全巡抚与知县，而且可以打掉将军的乌纱帽，条件是巡抚要出3000两白银。巡抚听后将信将疑，为出胸中的恶气，遂答应事成之后送给讼师3000两白银酬谢。讼师见到巡抚同意后，轻声说道：“巡抚大人，您只要在向皇上报告行朝贺礼情况的奏折中写上‘参列前班，不遑后顾’八个字，不但可使大人无失察之过，反使将军转得失仪之咎。”

巡抚听后恍然大悟，连连称妙，按讼师的说法给清帝上了奏折。原来，各省元旦行朝贺礼之时，巡抚与将军品级最高，班列最前，而知县品级低微，班列在后。各级官员不许左顾右盼，更不许向后观望。如果知县有失仪之处，巡抚与将军都不应看到，巡抚未见知县失仪，非但无失察之过，反而说明巡抚专注行礼、严肃庄重。而将军亲见位于后列的知县有失仪之处，那么将军必犯有后顾失仪之罪。事情的发展果然不出讼师所言，不久圣旨又下，严厉申斥将军身为一品大员，朝贺失仪，将其免职，而巡抚与知县反而平安无事。

讼师的高明之处在于，他不是在别人划定的范围打转转，而是抓住将军位列前班不能后顾这一点，以攻为守，结果变被动为主动，使巡抚和知县赢得这场政治斗争的胜利。

人生的可贵之处在于掌握战争的主动权，去操纵自己想操纵的事情。在这个故事中，巡抚是“客”，但他却通过讼师的指点，抓住将军位列前班不能后顾这一点，略施小计而使得皇上将身为一品大员的将军免职，自己反而平安无事，从而将“客”的地位上升到“主”的地位，掌握了主动权，并很好地将“反客为主”且循序渐进的谋略发展到精妙之地。

主动是一种态度，它反映着一个人对待问题、对待工作的行为趋向和价值取向；主动是一种品质，它是成功人士必须具备的一种重要品质。“反客为主”就是由“被”动地位向“主”动地位的转变。一个人在人生的道路上奔波，能掌握“反客为主”之计谋，适时而动，不断地改变自己，主动权便能抓在自己的手里，那么操纵他人也就轻而易举了。

被动意味着挨打，居于客位意味着受人支配。只有摆脱被动局面，处于主人的地位，才能控制对方，稳操胜券。

该用计时就用计

俗话说：“知人知面不知心。”人的内心世界最为复杂多变，难以揣测，可是，我们只要懂得了心理操纵术，就可以在瞬息之间，识破一个人的真伪，读出一个人内心潜藏的玄机，就可以翻手为云，覆手为雨，将别人的一举一动操纵在股掌之中，使自己在人生的旅途中左右逢源。

在某大城市的一户人家，有一位乡下来的小保姆，由于性情实在，干活利索，给女主人的印象颇佳。但是，生性多疑的女主人还是担心这位乡下姑娘手脚不干净，于是在试用期的最后几天想出个办法来试一试她。

一天早晨，小保姆起床要去做饭，在房门口捡到 1 元钱。她想，肯定是女主人掉下的，就随手放在客厅的茶几上。谁知，第二天早晨，小保姆又在房门口捡到一张 5 元的钞票，这让她感到很奇怪。“莫非是在试探我吗？”小保姆产生了这样的疑问。但她很快又打消了这个念头，因为女主人是位刚从科长位子上退休的体面人，怎么会做出这样侮辱人的事情呢？这样想着，她就把钱放进了茶几底下，但心里面还是留了个心眼儿。

到了晚上，小保姆假装睡下，从卧室的窗户窥看客厅中的动静。正当她困意袭来、准备放弃这一念头时，女主人竟真的悄悄走到茶几前取钱来了。小保姆彻底惊呆了，怒火冲上了她的心头：怎么可以这样小看人！她咬了咬嘴唇，下定了一个决心。

第二天早晨，小保姆又在房门口发现了一张钞票，这一次是 10 元钱。她笑了笑，把钱装进了自己的口袋。到了傍晚，她在女主人下楼去练气功之前把这 10 元钱悄悄地放在楼梯上，准备也测试女主人一番。果然不出小保姆所料，女主人之所以怀疑别人手脚不干净，正是因为她自己是一个自私而贪心的人。她在下楼时看见了那 10 元钱，当时就眼睛一亮，然后趁着左右没人，把钱塞在了口袋里。这一幕，全都被暗中偷窥的小保姆看到了。

当晚，女主人就像科长找科员谈话一样找到了小保姆，严肃而又婉转地批评她为人还不够诚实，如果能痛改前非，还是可以留用的。

小保姆故作懵懂地问：“你是不是说我捡了10元钱?”“是呀！难道你不觉得自己有错吗?”小保姆摇了摇头：“不，我不认为我做错了什么，因为我已经将那10元钱还给您了。”女主人一脸诧异：“咦，你啥时啥地还我钱了?”小保姆大声回答：“今天傍晚，公共楼梯……”

女主人一听到“楼梯”两个字，顿时像触了电一样浑身一颤，狼狈得一句话也说不出来……

聪明的小保姆来了个“以毒攻毒”的方法，既为自己保留了尊严和面子，也揭穿了女主人虚伪的外表和“小人”的本性，可谓是“一石二鸟”“一举两得”。

生活在内蒙古草原的狼，在千百万年的进化中练就了这样一种本事：它能“单枪匹马”地擒获比它跑得快的动物，是因为它摸清了这些食草动物的生活规律，在它们最为松懈的时候下手；它们也能组成强大的狼军团，运用集群作战的方法将猎物圈入“口袋”一网打尽。狼的这些狡诈的伎俩来源于自然斗争的残酷。而作为万物灵长的人类来说，社会的复杂程度要远远高于狼社会。这就要求人们在保留善良之心的同时，必要的时候也得学会“兵不厌诈”之术。

数中有术，术中有数。

第六篇

话语操纵术：洞察人性弱点，掌控谈话对象

为什么有的人一开口就能抓住对方的注意力，在谈话过程中巧妙引导对方心理，悄无声息地突破对方的心理防线，而有的人却只能眼睁睁地看着自己面前的人茫然地随声附和，敷衍地点头，眼神一片空洞，思绪不知所终……原因就是懂不懂话语操纵术。若你能熟练掌握并且有效运用话语操纵术，那么你就能以好口才打动人心，凭好策略成为办事高手。俗语说："一句话能让人笑个不停，一句话也能让人火冒三丈。"这就是话语操纵术的高妙之处。是让人"笑个不停""火冒三丈"还是"点头称是"，那就全看你的操纵策略了。

心理置换，对症下药

灰狼老了，老得已经没有能力去捕食了，而小狼又还太小，怎么办呢？总不能等着饿死吧！这天，灰狼想出了个主意，它用树枝编了一个只有一个口的“窝”，然后在里面放上了两个胡萝卜，自己和小狼就守在附近。不一会儿，一只兔子跑了过来。它看了看那两个胡萝卜，又怀疑地看看四周，最后冲进了陷阱里。老狼立刻扑过去抓住了兔子，和小狼一起饱餐了一顿。小狼问：“兔子为什么会钻进去啊？”灰狼笑了笑：“它喜欢胡萝卜嘛！投其所好，不怕它不上当！”

的确，投其所好往往会使他人钻进陷阱。说话也同样如此，要想使说理深入人心，就要了解对方的心结所在，遵循对方的心理轨迹，“把话说到心坎上”才会收到更好的效果。在沟通中，如果我们只是知其然而不知其所以然，就谈不上解决根本问题。所以，我们不仅要知道对方的观点和态度，还要知道对方持这种观点和态度的真正原因。只有这样，我们才能针对其症结所在，对症下药，以理攻心，将自己的观点和意图逐渐融入对方的思想中去，说理才有力量，才能达到目的。

60 岁的黄老汉一只眼失明，其妻双目失明，讨得一女，生活十分困难。一天，老汉吵着要搬家。几经盘问，他才说：“我这个家，三口人三只眼，毛病出在我住的地方‘风水’不好。我家东邻姓陈，西舍也姓陈，什么人家能经得住这‘沉沉’的东西左右挤夹呀！再住下去，非把我老黄家压‘黄’了不可！”支书批评他，他也不听。一个 30 多岁的妇女劝他道：“你老别怪侄媳妇多嘴——你咋傻了呢？搬啥家？若是我呀！杀头也不挪开那个福窝呢！”

“福窝？”老汉怔了，“那是祸坑！”

“你老听我说嘛！东邻姓陈，西邻也姓陈。你知道吗？那是文武大臣的臣！你老左有文臣，右有武臣，保护着你这个‘皇帝’。放心过吧，好日子在后头呢！”

“侄媳妇，这话当真?”

“这不明摆着吗？你们老两口才一只眼，你那宝贝凤丫头一人就两只眼！比你俩强吧？她又聪明，又伶俐，黄凤黄凤，是村里的凤凰，龙凤呈祥的意思嘛！遇上如今这好政策，用不着几年，凤凰双翅一展，任你东邻西舍再‘沉’，也休想压得住呢！——我说黄大爷，这是福地！别人就是想住，想有文臣武臣保护着，只怕还没有这个福气消受哪!”

“好，侄媳妇，你算说到我心坎上了!”黄老汉很高兴，从此，再也不提搬家的事了。

这位妇女之所以能说服黄老汉，采用的就是心理相容的方法。她理解黄老汉要搬家的心理，于是从这方面入手，把话说到了黄老汉的心坎上，对症下药，使黄老汉从心理相斥到心理相容，最终说服了黄老汉。

心理相容，对症下药，是通过心理战术，实现被说服者的心理上自觉自愿发生转变的过程。所以，我们不论说什么理、说服什么人，都要依循对方的心理轨迹步步深入，将自己的观点逐渐熔铸到对方的心里，才能达到目的，才能操纵他人按自己的意思行事。

心理学研究表明，情感引导行动。积极的情感，如喜欢、愉悦、兴奋等，往往产生理解、接纳、合作的行为效果；而消极的情感，如讨厌、憎恶、气愤等，则会带来排斥和拒绝。所以，若是你想要人们相信你是对的，并按照你的意见行事，那就首先需要给予人们喜欢的东西。否则，你的尝试就会失败。这是一种容易生效的操纵他人之法。

所以，要使别人对你的态度从排斥、拒绝、漠然处之到对你产生兴趣并予以关注，就需要最大限度地引导、激发对方的积极情感。“投其所好”实际上就是一个引导和激发的过程。

这种过程的表达方式是多种多样的，常见的主要有以下几点：

第一，发现对方的“闪光点”。要善于赞扬别人，善于从理解的角度真诚地赞美别人。要富于洞察力，善于发现对方美好的一面。

第二，寻找对方的“兴趣点”。在与别人交谈时，往往会遇到这种情况：对方表面上是在听你说，而实际上是在做或者在想别的事情，或者是嘴里应付着，眼睛却注意着别的地方，或者是转移话题，跟你瞎扯……遇到这种情况，你就应该尽快放弃你的话题，寻找他的“兴趣点”。

第三，不要吝啬赞美之词。女人都喜欢听恭维话，也都喜欢说恭维话。然而，奇怪的是，现实生活中的女人吝啬赞美。这或许是由于多数女人不喜欢当面品头论足，或许有些女人由于性格内向羞怯而不愿启齿，或许有些女人根本没有想到恭维话会让人高兴不已。其实，一句简单的恭维话就会让人对你的谈话获得别样的好感，一句由衷的赞美之词就会使你的话娓娓动听，感人肺腑，让人难以忘怀。

第四，先“恭维”后“不过”。对别人的建议或忠告，多半不会马上答复。即使不想采纳，通常也会客气地说：“你的主意很棒，不过，你是否想到用另外一种方式来考虑呢？”

第五，多用积极正面的语气。为了使对方感到乐观、积极，尽量少用消极语气。有时，为了表现得文明、高雅，有人也在推敲用字的巧妙。于是，一些“赏心悦目”的字眼也相继出笼了。

总之，做人谈吐一定要重视斯文雅致，多说些别人爱听的话，尽量避免忠言逆耳。

一个人要做到对他人心理相容，要十分注意保护他人的自尊心，尊重他们的人格，就事论理，不挖苦，不揭短，不当众训斥。因势利导，只能拉，不能推；只能说服，不能压服；只能转化，不能激化。

这样说话最能操纵人

与他人打交道的过程中，都知道这样一个道理，谁操纵语言的能力强，谁就可以做一个主动者。当然，这并不是要一个人去做一个统治者，而是让你迅速达到你想要达到的目的。

所以，在这里我们列出了十项关于说话技巧的原则，不但能使人了解对方，而且也能帮助你了解自己。如果你能切实地去实行，你便能得到加倍的力量。

第一，与对方交谈时，一定要以彼此都有兴趣的内容作为话题，以问答的方式引起对方对事物的见解或意见。你应该明白，对方的见解与意见也与你的一样有价值、有意义。

第二，温柔的悄悄话就是世间最有力量的话。它具有使人难以抗拒的说服力，并使人永远站在优势的位置。

第三，如果你想成为一位雄辩家，你就要随时注意并牢记别人所说的较有分量的话，或有给你留下深刻印象的话和成语，这才是最有效的方法。但这并非是要你一味地去模仿别人而失去自我，而是希望你对于这类的话语更加注意，养成习惯，以帮助自己建立属于自己的新语言。

第四，应该婉转地表示出拒绝之意。尤其当别人令你为难的时候，你一定要有勇气让对方知道你的真正想法。某位企业家为了避免在有限的时间里受人打扰，就对所有的来访客人说："如果你能在几个小时前告诉我的话，我一定会为你安排好时间的。"

第五，数千年前的一位希腊诗人曾说过："世界上没有比沉默更宝贵的东西了。"我们中国人也常说："沉默是金。"的确，这句话至今仍是众人所信服的一个真理。沉默可以用冷静的头脑观察对方，如果你能洞察他人的心思，你就能轻而易举地把对方吸引过来。沉默可以使态度不友善或蛮不讲理的人落入你预先准备好的陷阱里。对付顽固的人，以沉默的态度让他尽量发挥，他自然会逐渐不再坚持己见，转而要求你提出自己的意见。沉默使你不会说错话，不会做出虚伪与无意义的事情。对于对方来说，“静静地听”便是令他产生感激之情的最有效的办法。也许当时因为他自己正滔滔不绝、口若悬河，没有注意到你正以体谅的心情在听他诉说。但是，当他说话告一段落时，当他把心里要说的话说完时，他会感觉特别轻松，自然就会开始喜欢你，对你的沉默难以忘怀，并表示出感激之意。话说完之后，便保持沉默，这就是最有效的说服力，你不妨试试看。

第六，面对表情严肃而僵硬的人，你不必害怕，反而要想：也许对方是为了隐瞒他的胆怯而毫无表情，是故作姿态，希望你先向他说话，表示出和善之意。所以，你必须尽量向他表示好感，引起他的话题。当你如此做的时候，你一定会发觉彼此间的气氛愈来愈温暖，愈来愈融洽。而这正是你训练说话的最佳场所，你可以使对方成为你最忠实的朋友。

第七，说话以让对方了解为最高原则，要能完整而清楚地表达出自己的意思。否则，对自己正感到困惑不安的人绝不会接纳你的意见，或赞同你的见解。在你说话时，他人通常会以两种态度来对待你：一是理解的态度；二是评判的态度。这就是你自我评价的基准。“人往高处走”是千古不变的法则。所以，希望自我评价很高，或使他人对你有很高的评价，就必须经常自问：“他现在赞成我，但他是否已确实了解他将会得到的结果呢?”倘若对方赞成你是因为他已确实明了其结果，那么，此时你的力量已经对他发生了作用，你大可放心了。

第八，说话时，切勿太唐突或太客气，最好能营造出一个缓和而诚恳的气氛。

第九，对自己所要说的话，不必加以解释，或添加不必要的感情语句。有的时候，切忌滥用“请”“对不起”“谢谢你”等客气的词句，因为这些词句会使你显得比较懦弱，不够强硬。太客气的话只能用在必须讲的时候或者是不讲不足以显示文明素质的时候。

第十，当你说话时，必须将话题集中于一个目标，不要被一些细微的行为或对方反抗的态度所迷惑，要将所说的话当作推进目的的工具。

如果试图让他人接受你的意见，就应该将说服计划建立在有系统、有目标的基础之上。当然，这并不意味着你必须保持严肃的神情。只有以从容的态度与轻松的心情去进行你的计划，才能收到预期的效果。

用“我们”代替“我”

要想在说话的时候很好地操纵人心，不可缺少的一项就是多说“我们”。这样可以缩短你和大家的心理距离，促进彼此之间的感情交流。

新婚燕尔，新娘对新郎说：“从此以后，就不能说‘你的’‘我的’，要说‘我们的’。”新郎点头称是。一会儿，新娘问新郎：“亲爱的，我们今天去哪里啊?”新郎说：“去我表姐家。”新娘就不乐意了，纠正说：“是去我们表姐家。”新郎去洗手间，很久了还不出来。新娘问：“亲爱的，你在里面干什么呢?”新郎答道：“我在刮我们的胡子。”

这虽然只是一则笑话，可是它体现了一个问题，即“我们”这个词可以造成彼此间的共同意识，拉近双方的距离，对促进人际关系的融洽将会有很大的帮助。

我们经常看到记者这样采访：“请问我们这项工作……”或者“请问我们厂……”；演讲者则多使用“我们，是否应该这样”“让我们……”这种表达方式。事实上，这样说话往往能使你觉得和对方的距离接近，听来和蔼亲切。这是因为，“我们”这个词就是要表现“你也参与其中”的意思，所以会令对方心中产生一种参与意识。

人的心理是十分微妙的。同样是与人交谈，但有的说话方式会令对方反感，有的说话方式却会令对方不由自主地产生妥协之心、亲近之情。如演讲时说“你们必须深入了解这个问题”，便拉远了听众与演讲者的距离，使得听众无法与你产生共鸣。如果改为“我们最好再做更深一层的讨论”，就会缩短与听众之间的距离，使气氛立刻活跃起来，达到共鸣的效果。因此，若想在说话的时候很好地操纵别人，不妨多使用“我们”这种表达方式。

事实上，我们在听别人说话时，对方说的“我……”“我认为……”带给我们的感受，将远不如他采用“我们”这种说话方式。因为采用“我们”这种说法，可以让人产生团结意识，让人感觉到大家都是坐在同一条船上的同路人。

一次聚会，有位先生在讲话的前三分钟内，一共用了36个“我”，他不是说“我”，就是说“我的”，如“我的公司”“我的花园”等。随后，一位熟人走上前去对他说：“真遗憾，你失去了你的所有员工。”

那个人怔了怔说：“我失去了所有员工？没有呀，他们都好好地在公司上班呢!”

“哦，难道你的这些员工与公司没有任何关系吗?”

因此，如果你想操纵他人，就要在语言传播中，避开“我”字，而用“我们”开头。下面的几点建议可供参考：

第一，尽量用“我们”代替“我”。在很多情况下，你可以用“我们”一词代替“我”，这样可以缩短你和大家的心理距离，促进彼此之间的感情交流。例如：“我建议，今天下午……”可以改成“今天下午，我们……好吗?”

第二，这样说话时应用“我们”开头。在员工大会上，你想说：“我最近做过一项调查，我发现40%的员工对公司有不满的情绪，我认为这些不满情绪……”如果你将上面这段话的三个“我”字转化成“我们”，效果就会大不一样。说“我”有时只能代表你一个人，而说“我们”代表的是公司，代表的是大家，员工们自然容易接受。

第三，必须用“我”字时，以平缓的语调讲。不可避免地要讲到“我”时，你要做到语气平淡，既不把“我”读成重音，也不把语音拖长。同时，目光不要逼人，表情不要眉飞色舞，神态不要得意扬扬。你要把表述的重点放在事件的客观叙述上，不要突出做事的“我”，以免使听的人觉得你自认为高人一等，觉得你在吹嘘自己。

在人际交往中，“我”字讲得多并过分强调的人会给人突出自我、标榜自我的印象，这会在对方与你之间筑起一道防线，影响别人对你的认同。

说动人心的技巧

演讲的目的之一是说动人心，只有说动人心才能操纵人心。下面是几种说动人心的口才方法：

第一，大小的换喻。

运用相像的方法，可以使一个很大的数目，因为分配在长时间，且和日常某种微小的费用相比的缘故，所以看起来像是很小了。像某一个人寿保险公司的经理，对他的属员讲保险费的轻微："假使有一位不到30岁的人，自己刮脸，每天省下5分钱的刮脸费，存下来作为保险费，他死后可以留给家属1000元；假使有一个34岁的人，他每天本来要吸两角五分的香烟，现在，把这吸烟的钱省下来作为保险之后，不但可以多活若干年，死后还可以留给家属3000元。"

在另一方面，用相反的步骤，把小数目加在一起，也可以显得是一个很大的数目。有一个电话公司的职员曾把并不重要的一分钟积累起来，用以去感动北京市不肯立刻去接听电话的人们。他说："每100个接电话的人中，总有7个人听到铃声后要迟一分钟才拿起听筒答话。每天，像这样耗损的时间有100万分钟。在6个月之内，北京市迟误的时间，竟把从哥伦布发现新大陆以来，每天听友的工作时间完全牺牲了。"

第二，用一点数字。

数字的数量本身是没有感动人的力量的，必须用实例来证明，最好用我们自己最近的经验来表示。演讲家赵菊春在伦敦市参事会演讲关于劳工的情况，讲到中途突然停了下来，取出他的表，站在那里眼看着听众有1分12秒之久。坐在椅子上的其他参事员都觉得奇怪，用惊奇的目光望着演说者，再望望身旁的每个听讲者。这是怎么一回事？他忘掉了演说词一时讲不下去了吗？不，他继续再讲的时候说："诸位，方才大家都感到局促不安的七十二秒钟的时间，就是一个普通工人造一块砖头所用的时间。"这方法有效力吗？他竟使全北京的报纸都登载了这段新闻。

你看下面的两种说法，哪一种最有力？

“北京的四星级饭店，共有屋子1.5万间。”

“北京四星级饭店的屋子，如果叫一个人每天换住一间，住了40年还不曾完全住到。”

请读下面两种说法，看看哪一种给你的印象最深？

“在欧战之中，英国用去约70亿英镑或美金340亿元。”

“你不会吃惊吗？这次的欧洲大战，英国耗去的金钱数目，等于一个人从哥伦布发现新大陆一直到现在，日夜不停，每分钟用去68美元。等于从1066年诺曼地公爵征服英国一直到现在，日夜不停，每分钟用去68美元。等于耶稣出生以来，日夜不停，每分钟用去34美元。换句话说，英国共用去340亿美元，但是耶稣降生到现在，才只有10亿分钟。”

第三，适当重复。

把一件事情重复申述，这也是把反对我们的意见和不能和我们一致的意见加以阻止，而不使发生的一种方法。要使大家能够相信并且接受一种真理，只讲一两次甚或是10次是不会成功的。要使真理深印人心，必须再三申述。因为听众若是继续听那一件事，在不知不觉中就和这一个真理连在一起了。到了后来，他们把那一件事静静地安置在脑海中，就像信仰宗教一样地不再去怀疑了。

我们把重复申述的优点讲了不少，可是，我们还得警告没有经验的演说家，重复申述也是一个危险的工具。这是因为，它不具有十分丰富的不同的措辞，从而会使听众感到重复而讨厌。若是这样，非但不能吸引他们的注意力，相反他们时时要拿出表来看看时间了。

第四，一般与特殊置换。

当你用一般的说明和特殊例证的时候，听众很少会感觉讨厌的。这是因为，这是有趣而容易引人注意的一种方法，可以帮助你阻止听众发生对你相反的意见。服从了色彩的定律，意大利名画家达·芬奇便完成了他《最后的晚餐》的名画；服从了演说的定理，李燕杰成为著名的演讲家。听众大都愿意演讲的人说出些名字和日期，所以你说了出来，可以使人感动，可以获得人家对你的信任。比方说：“许多富人过的日常生活是很简单的。”这一句话并不怎么动人，因为说得太空洞，像在书本上的字，绝不会跳起来刺激你的眼睛，所以不久就在你的心中淡然消逝了。而且，也许你会记起报纸上刊载世人华贵生活的记载，而对这句话生出疑虑。所以，要使听众相信，最好是举出一些实例来。譬如，把亲眼看见的种种富人生活说出来，才能使你发生和我同样结论的可能。而且你也不会来问我“这话是从何说起的”了。举出实例来让人自己去求结论，比用现成的结论的力量要多三五倍。关于这种例子，我们随时都可以举出许多来，譬如：

石油大王洛克菲勒在纽约百老汇街26号的办公室中有一把皮睡椅，他每天中午要在上面小睡一次。

倪润峰，每晚9点钟睡，早晨6点钟起床。

这些特殊的例子，在你脑海中发生了怎样的效果？这不是把“富人的生活很简单”那句话讲得十分明白了吗？不是像演戏一般地表演出来，使你得到真实的感动了吗？

如果你能够做到以上所说的那些，你会愈来愈觉得能体会到口才艺术的奇妙性。研究演讲中的对话是一种很有趣的享受，掌握了这些，你也就是演讲高手了。

让他人喜欢的说话术

大家都知道，在与别人交谈的时候，只有首先赢得了他人的喜欢，进而才能达到操纵人心的目的。但是，如何才能赢得别人的喜欢，从而操纵他人呢？下面一些小技巧供大家来参考：

第一，看对方的性格特征。对方性格外向，透明度高，你就可以随便一些，开开玩笑，斗斗嘴，他会很自然地接受。如果对方性格内向、敏感，你就可以讲一讲适合的笑话，让他开朗一些。最重要的是表现真诚，可以挖掘对方比较在意、隐藏在内心深处的话题，让对方觉得你是在真正地关心他。有的女孩性格外向，个性鲜明，男孩子气十足。你若跟她谈化妆、美容，她也许会毫无兴趣。如果谈足球、姚明，她可能会兴致勃勃。针对不同的性格，你应该学会说不同的话。

第二，看对方的性别特征。同样说人胖，男性会一笑置之，而女性则可能把脸拉下来，自尊心受到伤害，这就是性别带来的差异。所以，同样的话对男人和女人的作用是不一样的。说话时，我们就要注意到这种差异，对不同性别的人说不同的话。

第三，看对方的身份特征。俗话说：“秀才遇见兵，有理说不清。”如果你对普通的工人农民摆出知识分子的架子，满口之乎者也，肯定让对方一头雾水，更别说会被接受了。要是遇见文化修养较高的人，也不能开口就一副江湖气，容易引起对方的反感，更无法获得交往的信任和好感。

第四，看对方的年龄特征。老年人喜欢别人说他年轻，而小孩就不喜欢大人总是说他太小；中年人喜欢别人说他事业有成，家庭美满，而年轻人就喜欢别人说他有闯劲有活力。不同年龄层次的人喜欢不同的话题。如果你要打听对方的年龄，对小孩可以直接问：“今年多大了？”对老年人则要问：“您今年高寿？”我们不提倡问女士的年龄，但如果非要问，也可以讲究方法。只要问得分寸好，不会让别人觉得唐突、不礼貌。对年龄相近的女性，可以试探说："你好像没我大?"对年龄稍大的女性，则可以问："您也就 30 出头吧?"这样一来，大家皆大欢喜。

第五，看对方的心理需求。不同的人会有不同的心理需求。如果你懂得一点心理学，就很容易把话说到人的心窝里。19 世纪的维也纳，上层妇女喜欢戴一种高檐帽。她们进剧院看戏也总是戴着帽子，挡住了后排人的视线。可是，剧院要求她们把帽子摘下来，她们仍然置之不理。剧院经理灵机一动，说："女士们请注意，本剧院要求观众一般都要脱帽看戏。但是，年老一些的女士可以不必脱帽。"此话一出，全场的女性都自觉地把帽子脱了下来：哪个女人愿意承认自己老啊！剧院经理就是利用了女性爱美、爱年轻的心理特点和情感需求，顺利地说服了她们脱帽。这是一种心理操纵。

第六，自己人和外人的场合。在场的全都是自己熟悉的朋友，那么说话就可以推心置腹，天南海北，无所不谈，甚至一些放肆的话说出来也无伤大雅。但是，如果在场的都是交往不深的人，就要约束自己，不可肆意妄为，办事情也要公事公办，不要不分对象乱套近乎。如果在比较随便的场合，我们可以说诸如"我顺便来看看你"这样的话。可是，如果在比较庄重的场合说"我顺便来看看你"，就显得不够认真。

第七，喜庆和悲痛的场合。说话应该和场合中的气氛相协调，不能在喜庆的场合说些丧气话，也不能在悲痛的时候说什么喜庆的事，让人心里别扭，甚至恼怒。某村有个老太太死在家里，亲属们一起商量后事。老太太生前嘱咐要土葬，但现在土葬已经不合时宜了。于是，大家七嘴八舌，发表个人看法。老太太的孙子说："这样吧，老太太死了不是埋掉就是烧掉。现在尸体放在家里，人来人往的，总不是个事。我看烧掉最好，省钱省事!"这番话听得大家十分恼火，恨不得上去打他一巴掌。这时候，另外一个孙子上来说："奶奶走了，我很难过。现在，遗体放在屋子里得赶紧料理才行。奶奶生前有土葬的愿望，可土葬现在已经不行了。我看，还是赶紧火化好。我是晚辈，请大家考虑。大主意还是伯伯婶婶拿!"这番话听得大家舒舒服服，伯伯婶婶也赶紧拿主意，把老太太火化了。本来，老人去世是一件悲痛的事。可是，第一个孙子上来就什么"死了""埋掉""烧掉""尸体"这种难听的字眼，最后还来了个"省钱省事"，显得不合时宜，冷酷无情。而第二个孙子则情真意切，在情在理，很有分寸，自然让人听了舒服。

第八，想让别人喜欢你，你要先喜欢别人。美国社会心理学家阿伦森与林德请了许多被试分四组来参加一项实验。其中一位被试者实际上是研究者的助手，也就是说是假被试者。研究者安排这位假被试者担当这些被试者的临时负责人。在每次实验的休息时间，这位助手都会离开被试者，到研究主持者的办公室向其汇报情况，其中会谈到对其他被试者的印象和评价，被试者的休息室与研究主持者的办公室只有一墙之隔。虽然两人压低声音谈话，但实验以巧妙的安排，让被试者每次都能清楚地听到别人怎样评价自己。具体有四种情境：肯定——让第一组被试者始终得到好的评价：假被试者自一开始就用欣赏的语气说他们如何如何好，他如何如何喜欢他们；否定——对于第二组被试者，假被试者自始至终都对他们持否定态度；提高——对第三组，前几次评价是否定的，后几次则由否定逐渐转向肯定；降低——对第四组，前几次评价是肯定的，后几次则从肯定逐渐转向否定。然后，研究者问所有被试者有多大程度上喜欢这位助手，让被试者们从 -10 到 +10 的量表上标出答案。结果发现，喜欢程度的平均分：第一组的得分是 +6.42，第二组为 +2.52，第三组为 +7.67，第四组为 +0.87。研究者认为，前两组的表现说明了人际吸引中的“交互性原则”，即你肯定别人，别人也喜欢你；你否定别人，别人也不喜欢你。对此，心理学家霍曼斯进一步指出，人与人之间的交往本质上是一个社会交换过程。只有当一种关系对人们来说是值得的，人们之间的交往行为才会出现，人际关系才可以建立和维持。许多研究表明，人际交往中的喜欢与厌恶、接近与疏远是相互的。在一般情况下，喜欢我们的人，我们才会喜欢他们；愿意接近我们的人，我们才愿意去接近他们。而对于疏远我们、厌恶我们的人，我们的反应也是相应的，对他们也会疏远和厌恶。

你想操纵别人的思想吗？那么，不可缺少的一个环节就是先赢得别人的喜欢，因为赢得别人的喜欢，你才能掌控他人的心理，才能操纵他人。

赢得他人喜欢是操纵他人的前提。

拒绝有方，不伤交情

俗语常说："做人难，人难做。"尤其是当别人对你有所请求，而你因为办不到，不得不拒绝时更加感到为难。但拒绝不当就容易令对方不快甚至恼恨，许多人就是因为拒绝不当而失去了朋友、得罪了领导、惹怒了合作伙伴等。这就需要一些巧妙委婉的拒绝方式，既表达了自己的愿望，又将对方失望与不快的情绪控制在最小范围内，不影响彼此之间的人际关系，把与朋友关系的尺度牢牢掌控在自己的手中。

一天，狄斯雷利把军官请到办公室里，与他单独谈话："亲爱的朋友，很抱歉我不能给你男爵的封号，但我可以给你一件更好的东西。"说到这里，狄斯雷利压低了声音，"我会告诉所有人，我曾多次请你接受男爵的封号，但都被你拒绝了。"

狄斯雷利说话算数，他真的将这个消息散布了出去。众人都称赞军官谦虚无私、淡泊名利，对他的礼遇和尊敬远超过任何一位男爵。军官由衷感激狄斯雷利，后来成了他最忠实的伙伴和军事后盾。

狄斯雷利首相在拒绝军官的升职要求的时候，没有引起对方的反感，相反却获得了对方的好感。原因何在?

狄斯雷利没有给对方一个冷冰冰的回答——"不"，更没有讥笑和嘲讽对方，他传递给对方的是"友情"：让对方明白，自己的要求虽未被满足，但长远利益（声誉）得到了首相的维护——这是比升职更好的东西。

狄斯雷利善于使用特别的"语言武器"，他在拒绝对方不当要求的同时，给足对方面子，这就是狄斯雷利一方面拒绝他人，另一方面又能很好地帮助对方挽回面子，不伤彼此之间的感情，牢牢操纵他人的高明之处。那么，我们如何才能做到在拒绝了别人之后仍留有交情呢？这里就介绍几种拒绝的技巧：

第一，要以非个人的原因做借口。拒绝他人，最困难的就是在不便说出真实的原因时又找不到可信而合理的借口，那么，不妨在别人身上动动脑筋。

第二，明确表示你很愿意满足对方的要求。当别人请求你的帮助时，在力所能及的范围内，你应尽量给予帮助。但若无能为力时，也不要急于把“不”说出口，而要耐心地听他把自己所处的困境说出，先对他的信任表示感谢，并说明自己很乐意为他效劳，然后再含蓄地说明自己爱莫能助的困难。那么，对方绝不会因此而生气。如果你当场就给予拒绝，那对方就会觉得你丝毫没有帮他的意思，认为你是个自私的、缺乏同情心的人。

第三，要让他人了解到你的苦衷和歉意。要尽量避免使用一些模糊话语来回答。这种讲法或许你认为是表达了拒绝之意，可是有所求的一方可能会以为你在为他想办法。这样一来，反而耽误了他人的时间。所以，拒绝时不能使用带有模糊字眼的语言。而应以诚恳的态度委婉地说出自己拒绝的理由，使对方了解到你的难处，那他也就不会再强求。可以说，这种方法是很成功的。

第四，态度要和蔼，语气要委婉。拒绝他人，不能在他人刚提出要求时就断然拒绝，也不能藐视对方，摆出永不妥协的态度。而应用委婉、友善、真诚的语言，亲切和蔼的态度拒绝他，这样才会让人接受。

第五，在拒绝的同时说明还应做些什么。当别人还没有能力做某事，而请求你给予帮助时，我们不妨告诉他还要经过哪些努力，才能达成所愿，让他始终怀有希望。这样一来，你的拒绝就会变得微不足道了，也会让他觉得你时刻在关注他，他也会因此而对你产生感激之情。

第六，要给对方一个台阶下。拒绝他人，要给他人留足面子，要让他有台阶下。这就要我们不能将拒绝的话说得太死，让人感到无地自容。

总之，拒绝别人并不是一语就将别人关在门外，还需要把感情留住。

拒绝对方，要给对方留一个退路，留一个台阶下。也就是说，要给对方留面子，要能让他自己下梯子。

赞美更容易让人产生好感

美国著名心理学家威廉·詹姆斯说：“人类本性上最深的企图之一是期望被赞美、钦佩、尊重。”赞美是一种高效沟通顺利进行的有效良方，是交流双方互动的润滑剂。你的一句赞美，立竿见影地消除了陌生感，一句赞美给人以力量，一句赞美给人以鼓励，一句赞美也许能帮助他人渡过难关，一句赞美能换来友谊、合作、财富。所以，聪明的人一定选择这种低成本而高回报的投资方式。但是，令人痛心的是，在当今社会中，懂得赞美别人的人似乎越来越少，而孤芳自赏、自夸自赞者倒是大有人在。有些人对别人的优点视而不见，甚至把别人的良好品德当愚蠢，把善举当笑料或者司空见惯。这完全是一种不应该出现的社会现象。无论到什么时候，赞美都应该是一种社会的基本美德。

生活中，没有一个人不愿听到赞美之声、溢美之词。赞美是对对方优良品质、能力和行为的一种语言肯定，它实质上是人们对待世界的一种健康心态，是处理人际关系的一种积极态度。古今中外，无论是过去、现在还是将来，赞美都是极具效率的人脉语言。我们身边的每个人，当然也包括我们自己，都希望受到周围人的赞美，希望自己的价值得到肯定。这绝不是虚荣心的表现，而是渴求上进，寻求理解、支持与鼓励的表现。所以，我们应当把别人渴望、自己也渴望的东西献给对方，这才是真正的慷慨大方，同时也是操纵人心的一种谋略。

曾经看到过这样一个故事：

从前，在杭州有一个非常有钱的人。一天，他听说有一个手艺高超的人做出的饭十分美味可口。于是，他就将这个厨师请到自己家里来为他做饭。

这位厨师擅长做烤鸭，每次做出的烤鸭一定是美味可口，看起来让人垂涎三尺，富翁家里的每个人都对厨师的手艺赞不绝口。可是，厨师如此精湛的手艺却从未得到过富人的赞美。时间一天天地过去，厨师感到十分不悦。

于是，他想出了一个办法。每次做烤鸭给富人吃的时候，烤鸭通通只有一条腿，一连几次都是这样。富翁很是奇怪，于是就问厨师：“为什么你做的烤鸭只有一条腿？”厨师回答说：“主人，烤鸭本来也是只有一条腿的。”“不可能，每只鸭子都是两条腿，怎么到你这里就剩一条腿了呢？”富翁有些生气地说。厨师接着说：“那您看大人，现在池塘边的鸭子是不是只有一条腿呢？”富翁向外一看，鸭子的确此时只有一条腿。但这是因为它们现在只是用一只脚站立，并不能说鸭子只有一条腿。于是，富翁为了驳倒厨师，伸出双手拍了几下。结果，鸭子们都双脚落地，向他走来。富翁见此情景，立刻说：“你看，鸭子是不是都有两条腿？”听到了富翁的问话，厨师笑了笑说：“如果你品尝这美味烤鸭时，也能鼓掌一下，称赞几句，烤鸭不就也有两条腿了吗？”富翁会意地笑了。

从此，富翁每次品尝厨师做的烤鸭，都不忘说些赞美的话。自然，他再也没有吃过一条腿的烤鸭。

捧人是拉近彼此之间的距离的一种重要操控术，可以为你说话办事提供便利。

捧人的方法很多，其中最不得要领的是：对着某甲一个人捧某甲。因为这样做，大多数人不会领受这一套。正确的做法是：当着大家的面来捧某甲，把他的长处做一次义务宣传。这样一来，某甲一定很高兴，而且只要捧得不过火，大家也不会觉得你在“拍马屁”。

另一种奏效的办法，就是在某甲的背后，大力宣扬他的长处，使听到的人对某甲产生好印象。事后间接传到某甲的耳中，效果自然比当面捧他更有力。将来一遇上机会，某甲一定也会回报你，把你大捧一番。

正所谓：“我捧人一分，人捧我十分。”常言道：“有钱难买背后好。”可见一般人更重视背后捧，这也是人之常情。

捧人对于你的家人、朋友同样重要。俗话说：“家和万事兴。”家庭和睦，则万事兴旺。作为父母，适当地捧捧自己的孩子，可以使孩子更具有自尊心和自信心，可以沟通家长与孩子的感情。而朋友之间相互赞美是朋友产生的前提之一，因为既然成为朋友，就一定有双方相互欣赏的一面。

爱美之心人皆有之，人总是喜欢别人赞美的。有时，即使明知对方讲的是赞美话，心中还是免不了会沾沾自喜。这是人性的弱点。

换句话说，一个人受到别人的夸赞，绝不会觉得厌恶，除非对方说得太离谱了。

在正常情况下，一个人听到别人的赞美话，心中定然是非常高兴，脸上也会堆满笑容。虽然也许他口中连说“哪里，我没那么好”“你真是很会讲话”，但其实心中是无论如何都抹不去那份喜悦的。因此，说赞美话是与每个人必备的说话技巧。赞美话说得得体，更堪称操纵他人的基础工程！

对别人的成就，说一句简单的赞美话，实在不是一件难事。只要你愿意并留心观察，处处都能发现对方值得赞美的地方。你满足了别人的荣誉感，别人自然会把你当成知己好友来对待，从此就再也不怕缺少人脉了！

暗示说服，让人心悦诚服

《呻吟语》中说：“指责他人之过，需要稍作保留。不要直接地攻讦，最好采用委婉暗示的譬喻，使对方自然地领悟，切忌露骨直言。”又说：“即使是父子关系，有时挨了父亲的骂，也会无法忍受而顶嘴，更何况是别人呢！”父子有血缘关系，无论如何不能割舍。但无血缘的就不这样了，过激的言辞很可能会断送你们的关系。

其实，生活中并不是每句话都必须直说。有时候以暗示代替直言，既不会破坏彼此间的关系，又能表达出对对方的不满。

因为在批评、指责别人的错误时，当头一棒往往伤害别人的自尊心，也会造成对方的顽强反抗。而运用巧妙的暗示，不仅指出了别人的错误，也给别人保留了面子。如此一来，他会真诚地改正错误。这样做，不仅达到了批评他人的目的，而且也达到了操纵他人的目的。

某公司的待遇很差，职工苦不堪言。老板之所以不愿改善员工待遇，是他认为员工都是庸才，工作不努力，对公司贡献不大，而且多数人还都是兼职。一旦有人拿其他公司与自己公司做比较，老板就说，其他公司的职员是正途出身，而自己的下属是杂牌军。

一天，公司的一位高级职员针对公司近来迟到人数逐渐增多的现象向老板反映说：“新职员简直都没办法到公司上班了！”

“为什么？”老板奇怪地问。

“坐人力车吧，觉得车费太贵；坐电车吧，又挤不上去，而且每月出的电车费也不够，他们怎样才能解决这个问题呢？”

“以步当车，一文不费，而且还能锻炼身体，这多好的事啊！”老板说。

“不行啊，鞋袜走破了，他们又买不起新的了。不过，我有个办法，希望您出个布告，提倡赤足运动，号召大家赤脚走路来上班，这样问题不就解决了吗？谁让他们命不好，生在这个时候呢！谁让他们不去想发财的路子，非要当苦命的职员呢！他们坐不起人力车、电车，也不能穿鞋袜整齐地来上班，都是活该啊！”职员摇摇头说。

他一面说一面笑，说得老板也不好意思起来，也意识到自己应该改善一下员工待遇。

建议和批评有时是一对孪生兄弟。当建议不成时，人们往往会升级到批评。但聪明的人在建议之中加入暗示语，以达到看似建议实则批评的效果，并让当事人心悦诚服地接受操纵目的。

有一位父亲喜欢赌博，已经到了痴迷的地步，进出赌场几次以后自然是输得家徒四壁。面对父亲的堕落，两个儿子终于忍无可忍了。一天，当父亲又在赌博时，大儿子当着父亲的面掀翻了赌桌，将赌具全部毁掉。但是，这并没有阻止父亲继续赌博，父亲依然进出于赌场。

次子看到这种情形，并没有像哥哥那样做，而是走到父亲面前，低声说道：“我在学校里，老师教导我们，在学校我们要尊师重道，回到家里要听父母的话。尊师训我可以功成名就，可是，听父亲的话我又能获得什么呢？”次子的话还未说完，父亲已经泪流满面。父亲痛心疾首地说：“孩子，你的话言轻意重，爸爸知道错了。”从此戒赌。

同样是希望父亲戒赌，但收到的效果却不同。次子之所以能让父亲戒赌，是因为巧用了暗示之语。暗示最显著的特点是不直接说出真正的意思，但听者明理；判断性的结论说者不言，但听者都可做出。所以，若要达到不惹怒人而改变他的操纵目的，只要换一种方式，就会产生不同的结果。

当面指责别人的错误，往往只会招来对方顽强的抵抗情绪。而巧妙地暗示对方注意自己的错误，则会让对方心悦诚服地接受，并加以改正。

识对人，说对话

俗话说："知彼知己，百战不殆。"说话也一样，你要在了解对方的情况下，说出恰当的话。这样做，不仅不伤害对方的面子，而且还可以很好地操纵他人。

《世说新语》中有一则这样的故事：

有个叫许允的人在吏部做官，提拔了很多同乡人。魏明帝察觉之后，便派虎贲卫士去抓他。

他的妻子赶出来告诫他说："明主可以理夺，难以情求。"让他向皇帝申明道理，而不要寄希望于哀情求饶。

于是，当魏明帝审讯许允的时候，许允直率地回答说："陛下规定的用人原则是'举尔所知'，我的同乡我最了解，请陛下考察他们是否合格。如果不称职，臣愿接受处罚。"

魏明帝派人考察许允提拔的同乡，他们倒都很称职，于是将许允释放了，还赏了一套新衣服。

许允提拔同乡，是根据封建王朝制定的个人荐举制的任官制度。不管此举妥不妥当，都合乎皇帝认可的"理"。许允的妻子深知跟皇帝打交道，难于求情，却可以"理"相争，于是叮嘱许允以"举尔所知"和用人称职之"理"，来抵消提拔同乡、结党营私之嫌。这可以说是善于根据说话对象的身份来选择说话，将对方很好地掌控在自己范围内的绝好例子。

与人说话，除了要考虑对方的身份以外，还要注意观察对方的性格。一般说来，一个人的性格特点往往通过自身的言谈举止、表情等流露出来，如：那些快言快语、举止敏捷、眼神锋利、情绪易冲动的人，往往是性格急躁的人；那些直率热情、活泼好动、反应迅速、喜欢交往的人，往往是性格开朗的人；那些表情细腻、眼神稳定、说话慢条斯理、举止注意分寸的人，往往是性格稳重的人；那些安静、抑郁、不苟言笑、喜欢独处、不善交往的人，往往是性格孤僻的人；那些口出大言、自吹自擂、好为人师的人，往往是性格自负的人；那些懂礼貌、讲信义、实事求是、心平气和、尊重别人的人，往往是谦虚谨慎的人。对于这些不同性格的说话对象，如果你想让你的说话达到操纵他人的目的，就一定要具体分析，区别对待。

在《三国演义》中，诸葛亮针对张飞脾气暴躁的性格，常常采用“激将法”来说服他。每当遇到重要战事，先说他担当不了此任，或说怕他贪杯酒后误事，激他立下军令状，增强他的责任感和紧迫感，激发他的斗志和勇气，扫除轻敌思想。

诸葛亮对关羽，则采取“推崇法”。如马超归顺刘备之后，关羽提出要与马超比武。为了避免“二虎相斗，必有一伤”，诸葛亮给关羽写了一封信：

“我听说，关将军想与马超比武以示高下。依我看来，马超虽然英勇过人，但只能与翼德并驱争先，怎么能与你‘美髯公’相提并论呢？再说将军担当镇守荆州的重任，如果你离开了造成损失，罪过有多大啊！”

关羽看了信以后，笑着说：“还是孔明知道我的心啊！”他将书信给宾客们传看，打消了入川比武的念头。

被求者的情况有种种不同，如对方的兴趣、爱好、长处、弱点、情绪、思想观点等，这些都是需要注意的内容。但身份与性格无论如何都是很重要的“情况”，不得不优先考虑。

战国时期著名的纵横家鬼谷子曾经精辟地总结出与各种各样的人交谈的办法：“与智者言依于博，与博者言依于辩，与辩者言依于要，与贵者言依于势，与富者言依于豪，与贫者言依于利，与卑者言依于谦，与勇者言依于敢，与愚者言依于锐……说人主者，必与之言奇；说人臣者，必与之言私。”

上面的话意思是说，和聪明的人说话，须凭见闻广博；与见闻广博的人说话，凭辩论的能力；与地位高的人说话，态度要轩昂；与有钱的人说话，言辞要豪爽；与穷人说话，要动之以利；与地位低下的人说话，要谦逊有礼；与勇敢的人说话，不能稍显怯懦；与愚笨的人说话，可以锋芒毕露……与上司说话，须用奇事打动他；与下属说话，须用切身的利益说服他。

总之，说话前，一定要懂点操纵术。首先要识人，等看清后再决定你说话的内容，这样你才不会吃亏。

识对人是谋略、是智慧、是韬晦，做对事是学问、是水平、是关键。

明话暗说巧补圆

在人们交际的过程中，一定有各种各样的人交往者。比如，文化层次的不同：有人是目不识丁的文盲，有人是博学多才的教授。知识水平不同的人，表达同样的意思，说出的话却大不相同。而且，他们理解同样的一句话的意思也大不相同。我们常常听到“三句话不离本行”这样的话。如果能针对各种人的知识水平和知识结构而采取相应的交流方式与他们对话，势必能取得良好的效果。古往今来，以口齿伶俐、铜嘴铁舌化险为夷的例子不少。针锋相对需要敏捷的口才，如果处理得当，就可以抓住机会，“以其人之道，还治其人之身”，不但保全了自己的人格尊严，还能使对方狼狈不堪且再也不敢轻侮于你。这也是一种操纵他人的计谋。

生活中，总会出现一些令人意想不到的事情。因为交际双方是一种积极的参与，而非刻板、机械的迎合。所以，交际情景也会不断地发生变化。面对变化着的情势，尤其是不期而至的窘境，需要我们调动一切可以调动的语言表达手段，以达到自己想要达到的交际目的，明话暗说就是很有效的一种。

明话暗说有以下几种方式：

第一，自嘲式的明话暗说。

在交际中，有时会碰上因为自身的缺点或其他原因而出现的尴尬事，要是你懂得“自嘲”，巧妙地“揭己之短”，反而会使自己败中求胜，树立良好的交际形象。

麦克阿瑟一贯以傲慢著称。有一次，杜鲁门会见他。他不慌不忙地取出烟斗，装好烟丝，取出火柴准备点燃的时候，才问杜鲁门：“我抽烟，你不介意吧？”

麦克阿瑟显然并不是真心征求杜鲁门的意见，这使杜鲁门十分难堪。如果现在表示很介意的话，会显得有点霸道。

此时，杜鲁门看了看麦克阿瑟，说：“抽吧！将军，别人喷到我脸上的烟雾，要比喷在任何美国人脸上的烟雾都多。”

杜鲁门的这番自嘲，不但自尊心得到保护，而且还向美国人民显示出他的大度与宽容。还有，他把自己摆在“受害者”的地位上，可博得美国大众的同情与支持。

第二，借物说事式的明话暗说。

在交际中，常可以利用身边的实物来说明某种道理或者摆脱困境，或以某件能与话题搭上关系的物品来进行对比，达到一种形象化的效果。

在民间，有一则关于蒲松龄的传说：

有一次，蒲松龄到王大官人家去做客，被众人推到了上座。但独眼的管家却从下席开始斟酒，有意把他冷落在一旁不管。王大官人也想故意捉弄他，端起酒杯朝他说：“蒲先生，喝呀！”

蒲松龄端坐不动，他笑着说：“大家先别急着喝酒，我说个笑话给大家助助兴。我刚出门那会儿，碰到内人正用针在缝衣服，就以针为题即兴作诗一首，现在念给大家听听：‘一头尖尖一头扁，扁头只有一只眼。独眼只把衣裳认，听凭主人来使唤。’”

大家听了，一齐朝独眼管家看去，极力强忍笑意，大声叫好。这样一来，反而使王大官人及其管家狼狈不堪。

蒲松龄借用了针的形象，尖锐地讽刺了想为难自己的王大官人及管家，不但保全了自己的尊严，也让捉弄自己的人“搬起石头砸了自己的脚”。

在生活与工作中，你也可以假身旁之物摆脱困境，让左右为难的自己找到台阶下。

某人在你的办公桌前滔滔不绝，而你却不能耽搁太多的时间。如果喋喋不休的人是下属或朋友那还好办，偏偏又是得罪不起的人物，你怎么办呢？

你可以写个纸条给同事：“到隔壁的办公室打个电话给我。”

用不了几分钟，电话响了。你可以大声说：“什么，马上去！这儿有位很重要的客人，什么？不去不行！那……好吧。”

一般来说，那牢骚不已的来客会示意你赶快去。如果他没这么说，你也可以假装满心歉意，送走来客且不会伤了他那可怜的自尊。

如果把这事看成电影中的某片段，那么，电话则是最理想的道具。这么做，既不损人又利己，实为最佳解决办法。

第三，借物脱困式的明话暗说。

作为女性，经常有男士邀请。如果想拒绝又不想伤对方的心，办法有许多种，借物脱困无疑是其中的妙招之一。

例如，有位男士走到你面前，说了一句："欢迎你参加!"然后，就把一张入场券递给你。这时，你想拒绝他，又要让他下得了台阶。你可以从皮包里拿出笔记本，打开一看，不论看到什么，都可说："哎呀？我和小王小张约好今天去购物，你只有和别人同去了。不过，还是很谢谢你。"

使用笔记本，让人产生上面记着你的时间安排的错觉，婉言拒绝了对方，达到了自己的交际目的。

第四，拆词换字式的明话暗说。

在说话时，如果把一些完整的词拆开来讲，可以表达出另外一种意义。

一次，一位大学教师在课堂上讲课时，对现实中的某些社会现象进行评论。突然，一位学生发问道："现在人们对'官倒'与'私倒'恨之入骨。但如何区别'官倒'与'私倒'?"

那位教师稍加思索，答曰："'官倒'与'私倒'的区别在于：对于前者，国家国家，国即是家；对于后者，国家国家，家即是国。"

如此作答，妙不可言，赢得了满堂喝彩。

这位教师把"国家"二字拆开，把复杂的问题简单化，很好地阐释了那一组概念。

拆词换字常是对某词进行拆解然后重新组合，或者对对方的话稍加改造，获得与原意迥然相反的意思，从而掌握了对话中的主动权，立于不败之地。

面对变化着的情势，尤其是不期而至的窘境，我们必须调动一切可以调动的语言表达手段，以达到自己想要达到的交际目的，明话暗说就是很有效的一种。

舌如利剑，化险为夷

人生就是战场，处理同一个问题也不能总用一种说话方式。在遇到危机时也一样，也要考虑不同环境、不同对手、不同时间，而采取不同的说话对策。只有这样，才能确保在危机中操纵对方，使自己化险为夷。

一天，卓别林带着一大笔款子，骑车驶往乡间别墅。半路上，突然遇到一个持枪抢劫的强盗，用枪顶着他，逼他交出钱来。

卓别林满口答应，只是恳求他："朋友，请帮个小忙，在我的帽子上打两枪。"强盗照办了，卓别林又说，"谢谢，不过请再把我的衣襟打出两个洞吧。"强盗不耐烦地扯起卓别林的衣襟打了几枪。卓别林鞠了一躬，央求道："太感谢您了，干脆劳驾朝我的裤脚打几枪。这样就更逼真了，要不主人是不会相信我因被抢劫而弄丢了钱的。"

强盗一边骂着，一边对着卓别林的裤脚连扣了几下扳机，但不见枪响。原来，子弹打完了。卓别林一见，连忙拿上钱，跳上车子飞一般地逃走了。

这是一个突发性事件，任何人都无法预计它什么时候降临，任何人也无法预先做好应变的准备。所以，随机应变，怎样根据眼前的环境状况采取不同的策略，是一个人应变能力与分析能力的直接体现。

有一天，玛丽小姐正在屋里休息，忽然听到叫门声。她打开门，只见一个持刀的男人杀气腾腾、恶狠狠地看着自己。

是入室抢劫？是杀人逃犯？

玛丽不禁倒吸了一口凉气，心里打了一个冷战。但她灵机一动，迅速恢复平静，微笑着说："朋友，你真会开玩笑！您是推销菜刀吧？我喜欢，我要买一把……"边说边让男人进屋，接着说，"你很像我过去的一位好心的邻居，看到你真高兴。你是喝咖啡还是茶……"本来满脸杀气的歹徒，渐渐腼腆起来。

他有点结巴地说："谢谢，哦，谢谢！"

最后，玛丽真的“买”下了那把明晃晃的菜刀，陌生男人拿着钱迟疑了一会儿，果真打算走了。在转身离开的时候，他说：“小姐，你会改变我一生的！”

读罢这则故事，我们不仅钦佩玛丽小姐化险为夷的过人智慧，更被她那能融化世界的爱心所折服。不是吗？一场即将发生的灾难，转眼间被玛丽小姐以机智和爱心化解了。她不但挽救了自己，也挽救并改变了这个未遂的杀人犯。这件事看起来悄无声息，回味起来则是惊心动魄。因为这两位主人公的人生在这片刻之间完成了一次净化与转折，也在各自的生命驿站中立下了一块里程碑。后来，据说玛丽小姐与这位男人结婚了。

在一般情况下，我们碰到的问题往往是些人际交往中的情况。即使你应变不当，最多搞得自己没面子，或使事情办砸。危害生命涉及国家大局的情况较为少见，但这并不等于一定遇不到。

在迅速变化的形势面前，要以不变应万变才行。只会循规蹈矩，是不会成为成功者的。遇见紧急情况，嘴巴可不能慌乱，把话说得好听，可以操纵他人的心，更可以使自己甚至更多人摆脱困境。

坏话好说，狠话柔说，大话小说，重话轻说，急话缓说，废话少说，把僵硬的语言变得委婉，把黑白的语言说成彩色，自然会帮你勾勒精彩的人生蓝图！

不争而赢的制胜口才术

沟通高手从来都是“凡事都替对方着想”，力求共赢，这才是高明的办事操纵方法。

当个人问题变得极为严重的时候，从他人的立场来看事情，也许可以减缓紧张。美国汽车大王福特曾经说过这样一句话：“假如说服有什么成功秘诀的话，那就是设身处地替别人着想，了解别人的态度和观点。”只有这样，你才能得到更好的沟通和谅解。

我们可以发现，如果你想改变他人的看法而不伤害感情或引起憎恨，那就试着站在他人的立场上来看待事情。这样就能使你得到友谊和谅解，减少摩擦和困难。别人之所以那么想，一定存在着某种原因。查出那个隐藏的原因，你就等于拥有诠释他的行为与个性的理由。如果你对自己说：“如果我处在他的情况下，我会有什么感觉、有什么反应？”那你就会节省不少时间减少很多苦恼，并大大增强你操纵他人的效果。

在战国时代，赵惠文王死了，孝成王年幼，由母亲赵太后掌权。秦国乘机攻赵，赵国向齐国求援。齐国说，一定要让长安君到齐国做人质，齐国才能发兵。长安君是赵太后宠爱的小儿子，太后不让去。大臣们劝谏，赵太后生气了，说：“再有劝让长安君去齐国的，老妇我就要往他脸上吐唾沫！”左师触龙偏在这时候求见赵太后，赵太后怒气冲冲地等着他。

触龙慢慢走到太后面前，说：“臣的脚有毛病，不能快跑，请原谅。很久没有来见您，但我常挂念着太后的身体，今天特意来看看您。”太后说：“我也是靠着车子代步的。”触龙说：“每天饮食大概没有减少吧？”太后说：“用些粥罢了。”这样拉着家常，太后脸色缓和了许多。触龙说：“我的儿子年少才疏，我年老了，很疼爱他，希望能让他当个王宫的卫士。我冒死禀告太后。”太后说：“可以。多大了？”触龙说：“十五岁，希望在我死之前把他托付了。”太后问：“男人也疼爱自己的小儿子吗？”触龙说：“比女人还厉害。”

太后笑着说："女人才是最厉害的。"这时，触龙慢慢把话头转向长安君的事，对太后说："父母疼爱儿子就要替他打算得很远。真正疼爱长安君，就要让他为国建立功勋，不然一旦'山陵崩'（婉言太后逝世），长安君靠什么在赵国立足呢?"太后听了，说："好，长安君就听凭你安排吧。"

触龙很懂得说服人的方法。他谦和，善解人意，在整个谈话过程中，避免与太后正面冲突。他站在太后的角度替太后着想，让自己的意见变成太后自己的看法。他没有教给太后什么，而是帮助太后自己去发现。最终使看似不可理喻的太后同意了自己。触龙的方法很值得我们学习。

要说服对方，就要考虑到对方的观点或行为存在的客观理由，亦即要设身处地地为对方想一想，从而使对方对你产生一种"自己人"的感觉。这样一来，对方就会信任你，就会感到你是在为他着想，说服的效果将会十分明显。

社会心理学家认为，站在对方的角度来说话是人际沟通的"过滤"。只有你站在对方的角度思考问题，才会让别人理解你友好的动机。否则，即使你说服他的动机是友好的，也会经过"不信任"的"过滤器"作用而变成其他的东西。因此，说服他人时，若能站在对方的角度思考问题，就能达到操纵他人，说服他人的目的。这是非常重要的。

只有考虑到别人的感情，照顾到别人的情绪，在说服别人时才有可能被人接受，不至于被人一口回绝。

第七篇

人心操纵术：看入人里，看出人外

人生在世，当有慧眼：看透敌人的内心，不当东郭先生；看透小人的险恶，不与其为伍；看透骗子的谎言，不上当受骗；看透别有用心者的挑拨离间，不被人当枪使……一个什么都看不透的人是糊涂虫。而那些精明到了骨子里的人，能读懂他人内心的微妙想法，并对之做出精确判断，从而确定自己的角色，说什么样的话，做什么样的事，有效利用他人心理，迅速掌控他人，进而使自己战胜对手，成为操纵人心的赢家。

人心不同，各如其面

古人云：“人心之不同，各如其面。”人与人当面接触的时候，第一眼往往看对方的相貌，对交往者有一个初步的判断。

人类对事物的一般认识过程是：首先是感官接受了外界事物，其次心里有了印象，然后发出声音加以评论，最后才表现为人的外表反应。所以，我们可以从其貌知其音，再知其心气，最后看清他的内心世界。

在三国争雄之前，周瑜过得并不如意。他曾在军阀袁术部下为官，做过一回小小的居巢长，也就是一个小县的县令。

这时候，地方上发生了饥荒。年成既坏，兵乱间又损失很多，粮食问题就日渐严峻起来。居巢的百姓没有粮食吃，就吃树皮、草根，很多人被活活饿死，军队也饿得失去了战斗力。周瑜作为地方的父母官，看到这悲惨情形，急得心慌意乱，却不知如何是好。

有人给他献计，说附近有个乐善好施的财主叫鲁肃，他家素来富裕，想必一定囤积了不少粮食，不如去向他借。

于是，周瑜带上人马登门拜访鲁肃。寒暄过后，周瑜就开门见山地说：“不瞒老兄，小弟此次造访，是想借点粮食。”

鲁肃一看周瑜丰神俊朗，显而易见是个才子，日后必成大器，顿时产生了爱才之心。他根本不在乎周瑜现在只是个小小的居巢长，哈哈大笑，说：“此乃区区小事，我答应就是。”

鲁肃亲自带着周瑜去查看粮仓。这时，鲁家存有两仓粮食，各三千斛。鲁肃痛快地说：“也别提什么借不借的，我把其中一仓送与你好了。”周瑜及其手下一听他如此慷慨大方，都愣住了。要知道，在如此饥荒之年，粮食就是生命啊！周瑜被鲁肃的言行深深感动了，两人当下就交上了朋友。

知人于未显之时，这才是识人的一种独特的眼力与远见。后来，周瑜自然发达了，真的像鲁肃判断的那样当上了将军。他牢记鲁肃的恩德，将他推荐给了孙权，鲁肃终于得到了干事业的机会。鲁肃慧眼识人，透过周瑜的表面看到其内在的潜力，确有知人之明。

晋代学者葛洪在《抱朴子·外篇》中深有感触地说："看一个人的外表是无法识察其本质的，凭一个人的相貌是不可衡量其能力的。有的人其貌不扬，甚至丑陋，却是千古奇才；有的人虽堂堂仪表，却是金玉其外、败絮其中的草包。倘以貌取人，就会造成取者非才或才者非取的后果。"事实真的是这样吗？

古人认为，人的相貌离不开三大要素：精、气、神。所谓"得神者生，失神者死"。因此，中国相学理论一直将看人的神态，尤其是人的眼神，视作看相过程中非常关键的一步。如果用现代语言进行描述，也就是看一个人首先必须观察其精神面貌、眼神、思维反应能力。就像古书中所说的："天一生水，于物为精，地二生火，于物为神……欲观其所生，于眼则得之。"无论是交友恋爱，还是应聘求职、人际交往……在处理人与人的关系时，察言观色、分辨善恶是十分重要的。虽不能做到个个精通，但若能略知一二，便可常常使人茅塞顿开，获益匪浅。因为人的神态，是其精神世界、性格特征最真实的写照，是一种难以掩饰的内心的自然流露。看人的神态可从以下几方面进行重点观察：

第一，神藏。"藏者如美玉明珠，其光蕴蓄静中，坐久乃见。"如此神态自若之人，多数性格稳重，办事周密，遇事较有主见，独立生活能力强，平生少为外界所惑。但中年以后可能会因穷智心机、思虑过度，易致重病、急病，故中年起便须注意身体健康。

第二，神露。"露而不藏，其睛凸不怒，似怒无神"，或"虎之视物，其睛挺而久不回顾"。此种人大多外强中干，貌似强大，外实内虚，千万不可被其假象所迷惑。

第三，神静。"静者，目光清静，明如秋水"，"一见恬然，再见寂然，愈久视之，淡泊自如"。此多为仁慈安静之人，然性格较脆弱，易患慢性病。

第四，神急。"急者，言语急，行步急，饮食急；喜怒急者是也。这种人多瘦少肥，眉毛粗重（肝气不足胆气有余），常常是多断少谋，事简则成，事繁则败，并始终不悔悟。然"神急者，性情若猴，目深圆而得金光闪动，可以成器"。

第五，神威。"威者，不怒而威，眼相广长，开合有势。"这种人大喜不变媚，大怒不强发，惊而不瞬，视之有威，望之有惧，颇有风度，少受七情所扰，少病寿长。

第六，神昏。“昏者，双眸虽大而茫然无光。”多为先天不足，或精神恍惚、毫无主见之人。

第七，神和。“和者，目静自明，其神和惠而恬淡，不喜似喜，虽有怒色，其喜长存。”这种人远望已见其和，实为胸襟坦荡、不妒忌、不孤僻之相。

第八，神惊。“惊者，神怯而如惊，其色屡变，茫然如失。”这种人眼常露白，眼睛偏视，或上或下，或左或右，为神气不足，多疑少断。

第九，神醉。“醉者，眼若醉人，其睛转盼猜倦，犹久病未愈，此乃愚而无悟性之人。”这种人常痴顽不醒，狂眼高视，或两目远离，多为先天愚型，或遭受重大精神创伤之人。

第十，神脱。“脱者，脱如无气，状如土木偶人。”此种人目中神气时有时无，为五脏精气已竭，故又名之曰“行尸”。

一个心质诚仁的人，必定会展现出温柔随和的貌色；一个心质诚勇的人，必定会展示出严肃庄重的貌色；一个心质诚智的人，必定会展示出明智清楚的貌色。

世界上两个个性完全相同的人是不存在的。也就是说，人与人之间的个性是不同的，存在着差异性。所以，只有读懂人性，才能更好地操纵他人。

通过握手看透他人心

握手是现代社会中人与人指尖交往的一种较为普遍的礼节。虽然只是简单的一握，但这其中却也有很大的学问。有专家研究表明，握手可以反映出一个人的很多信息。通过握手的方式，也可以观察出一个人的性格特征。

行为是心理的体现，这一点还可以从手的表现上看出来。握手是表现人际关系最有力的情感传达工具，利用手与手的关系或手的动作便可易如反掌地解读出对方的心理，并且还可以不费事地将自己的意思传达给对方，更主要的是在握手的一瞬间有可能识破对方的性格。从这个意义上说，握手不仅仅是一种礼貌行为，而且还是传达人际信息的重要方法。因此，通过握手也是“察人”的重要途径。

第一，握手时的力量很大。握手时的力量很大，甚至让对方有疼痛的感觉，这种人多是逞强而又自负的。但这种握手的方式在一定程度上又说明了握手者的内心比较真诚和煽情。同时，他们的性格也是坦率而又坚强的。

第二，握手时显得不甚积极主动。握手时显得不甚积极主动，手臂呈弯曲状态，并往自身贴近。这种人多是小心谨慎，封闭保守的。

第三，握手时只是轻轻一接触，握得不紧也没有力量。这种人多属于内向型人，他们时常悲观，情绪低落。

第四，握手时显得迟疑。握手时显得迟疑，多是在对方伸出手以后，自己犹豫一会儿，才慢慢地把手递过去。排除一些特殊的情况，在握手时有这种表现的人，性格多内向且缺少判断力，不够果断。

第五，不把握手当成表示友好的一种方式。不把握手当成表示友好的一种方式，而把它看成是例行的公事。这种人做事草率，缺乏足够的诚意，并不值得深交。

第六，握手时间很长。一个人握着另外一个人的手，握了很长的时间还没有收回，这是一种测验支配力的方法。如果其中一个人先把手抽出、收回，说明他没有另外一个人有耐力。相反，另外一个人若先抽出、收回手，则说明他的耐心不够。总之，谁能坚持到最后，谁胜算的把握就大一些。

第七，只握一下就马上拿开。虽然在与人接触时，把对方的手握得很紧，但只握一下就马上拿开了。这样的人在与人交往中多能很好地处理各种关系，与每个人都好像很友善，可以做到游刃有余。但这可能只是一种外表的假象，其实，内心是非常多疑的，他们不会轻易地相信任何一个人。即使别人是非常真诚和友好的，他们也会加倍地提防、小心。

第八，掌心有些潮湿。在握手时，非常紧张，掌心有些潮湿的人，在外表上，他们的表现冷淡、漠然，非常平静，一副泰然自若的样子，但内心却是非常的不平静。只是他们懂得用各种方法，比如说语言、姿势等来掩饰自己内心的不安，避免暴露一些缺点和弱点。他们看起来是一副非常坚强的样子，在他人眼里，他们一个强人。在危难时刻，人们可能会把他们当成救星。但实际上，他们也非常慌乱，甚至比他人还要严重。

第九，握手时显得没有一点力气。握手时显得没有一点力气，好像只是为了应付一件不得不做的事情，而被迫去做。他们在大多数时候并不是十分坚强，甚至是很软弱的。做事缺乏果断、利落的干劲和魄力，显得犹豫不决。他们希望自己能够引起他人的注意，可实际上，其他人往往在很短的时间内就会将他们忘记。

第十，把别人的手推回去。把别人的手推回去的人，他们大多有较强的自我防御心理。他们常常感到缺少安全感，所以时刻都在做着准备，在别人还没有出击但有这方面倾向之前，自己先给予有力的回击，占据主动。他们不会轻易让谁真正地了解自己，如果是这样，他们的不安全感更加强烈。他们之所以这样，在很大程度上是由于自卑心理在作怪。他们不会去接近别人，也不会允许别人轻易接近自己。

第十一，紧握着对方的手。像虎头钳一样紧握着对方的手的人，在绝大多数时候都显得冷淡、漠然，有时甚至是残酷。他们希望自己能够征服别人、领导别人，但他们会巧妙地隐藏自己的这种想法。同时，运用一些策略和技巧，在自然而然中达到自己的目的。

第十二，双手和别人握手。用双手和别人握手的人，大多是相当热情的，有时甚至热情过了火，让人觉得无法接受。他们大多不习惯于受到某种约束和限制，而喜欢自由自在，按照自己的意愿生活。他们有反传统的叛逆性格，不太注重礼仪、社交等各方面的规矩。他们在很多时候是不太拘于小节的，只要能说得过去就可以了。

通过握手，可以让你知己知彼，在交往中做到心中有数。

轻松识破谎言的招术

《灰阑记》中有一则清官判案的故事。妻妾同争一个孩子，都说是自己亲生的，难以分辨。清官说："既然如此难以分辨，就把孩子劈成两半，你们各取一半吧！"妾表示同意，而妻子则放开孩子，说："你抱走吧，孩子是你的。"清官把孩子判给了妻，这就是识破谎言的智慧力量。

在日常生活中，总会遇到一些说谎者，不管他们是有意说谎还是无意说谎，也不管他们说谎技术多么高超，总是会有一些蛛丝马迹可以识破他们的谎言。当然，说永远比做简单。如果真想在生活中识破谎言，就必须掌握一些识破谎言的高招。所以，你不妨试一试专家们研究出的一些方法。

第一，说话停顿较久。说谎者讲话的时候，通常停顿较久，因为他们要集中精神，记住自己说了些什么，接着下来要说些什么，所以讲话比较慎重。

第二，声量和声调突变。说谎时音调升高，往往是因为说谎者为了掩饰虚弱的内心。说谎者的声音还会不自觉地拔高。所以，如果你问他刚刚是谁打来的电话时，他突然开始像喜鹊一样说话，你得警惕了。

第三，不提及自身及姓名。如果你向某人提问时，他们总是反复地省略"我"，他们就有被怀疑的理由了。反过来说，撒谎者也很少使用他们在谎言中牵扯到的人的姓名。

第四，说谎时眼睛会向右上方看。说谎者从不看你的眼睛——他们知道这句忠告，所以高明的说谎者会加倍专注地盯着你的眼睛，瞳孔膨胀。每个人都记得小时候妈妈的批评："你肯定又撒谎了——我知道，因为你不敢看我的眼睛。"这教会你从很小起就知道说谎者不敢看别人的眼睛，所以人们学会了反其道而行之以避免被发觉。实际上，欺骗者看你的时候，注意力太集中，他们的眼球开始干燥。这让他们更多地眨眼，这是个致命的信息泄露。

第五，笑容说明一切。真正的微笑是均匀的，在面部的两边是对称的，它来得快，但消失得慢。它牵扯了从鼻子到嘴角的皱纹以及你眼睛周围的笑纹。伪装的笑容来得比较慢，而且有些轻微的不均衡。当一侧不是太真实时，另一侧想做出积极的反应。眼部肌肉没有被充分调动——这就是为什么电影中的“恶人”冰冷、恶毒的笑容永远到不了他的眼部。

第六，反复问说谎者同一个问题。问一个人问题，然后等他们回答。问第二次，回答会保持不变。在第二次和第三次之间，留一段空隙。在这期间，他们的身体会平静下来，他们会想：“我已经蒙混过关了。”如果一个人说：“我不是已经和你说过这件事了吗？”然后，才勃然大怒，这多半是在欺骗。也可能对你说：“事情是这样的，我还是对你直说了吧。”

第七，真实表情闪现时间极短。人维持一个正常的表情会有几秒钟，但在“伪装的脸”上，真实的情感会在脸上停留极短的时间。所以，你得小心观察。

第八，撒谎的人老爱触摸自己。撒谎的人老爱触摸自己，就像黑猩猩在压抑时会更多地梳妆打扮自己一样。人在撒谎的时候，越是想掩饰自己的内心，越是会因为多种身体动作的变化而暴露无遗。

第九，说谎时鼻子会变大。你知道说谎时人的鼻子会变大吗？人在说谎时的反应是多余的血液流到脸上，一些人整个面部都变红了，这还会使你的鼻子膨胀几毫米。当然，这通过肉眼是观察不到的，但说谎者会觉得鼻子不舒服，不经意地触摸它——这是说谎的体现。

其实，人们在撒谎的时候，尽管试图去掩饰，但身体还是会出卖他们。

不论是无关大局的善意谎言，还是别有用心的弥天大谎，它们都有共同点可以被我们识破。

通过头发识别个性

发型是一张表情丰富的脸，可以起到与人交流的作用。不同的发型表现出来的是不同的风格、情感，不同的发型显示着人的不同性格和心理。

女性若留着飘逸的披肩发，则说明她比较清纯、浪漫；若留的是齐眉的短发，则显得天真活泼，无忧无虑；烫成满头卷发，代表这个人较有青春的活力，或多或少地都有些野性。女性把头发梳得很短，并让它保持顺其自然的状态，说明这个人比较安分守己，甚至是封闭保守的。如果她把头发梳理得很整齐，但并不追求某种流行的款式，则表明这可能是比较含蓄，但有较强烈的自主意识的一个人。在自己的发型上投入很多的精力，力争达到精益求精的程度，说明这是一个自尊心比较强、追求完美、爱挑剔的人。

头发像钢丝，又粗又硬，而且还很浓密，这类女性疑心多比较重，不会轻而易举地相信别人。她们最相信的就是自己，所以凡事都要自己动手，操纵和掌握一切，才觉得放心。她们做事很有魄力，而且组织能力也比较强，具有一定的领导才能。这类女性理性的成分要大大地多于感性，遇到涉及感情方面的问题时，往往会显得很笨拙。

头发很粗，但色泽淡，而且质地坚硬，很稀疏，这类女性自我意识极强，刚愎自用，往往听不进去别人半句话。她们不甘心被人领导，但渴望能够驾驭别人。她们比较自私，缺乏容人的度量。这类女性头脑比较聪明，可目光比较短浅和狭窄，只专注于眼前，看不到长远的利益。所以，多不会有大的成就。

头发柔软，但却极稀疏，这类女性自我表现欲望比较强。她们喜欢出风头，更爱与人争辩，以吸引他人的目光，获得他人的关注。在她们的性格中，自负的成分占了很多。她们妄自尊大，很少把他人放在眼里，尽管自己在某些方面表现得的确很糟糕。她们做事的时候，多缺少必要的思考，常会做出错误的判断，而且还容易疏忽和健忘。

头发浓密粗硬，却能自然下垂，这类女性从外形上来看，多半身体比较胖，而且也显得比较慵懒，不喜欢活动。但是，她们的心思比较缜密，往往能够观察到特别细微的地方。她们的感情比较丰富，易动情，对情感不专一。

当然，如今谈“发”论“型”已不再是女人的专利，越来越多的男士加入这个行列，用独特的发型来标榜自己的个性。

男士不管是留长发、剃光头，还是其他各种各样比较特别的发型，都有一个普遍的共同点，那就是标新立异，想别出心裁地突出自己，增加自身的魅力。

喜欢平头的人，大多男子汉的味道更浓一些。他们讨厌娘娘腔十足的人，而对很有硬气的人十分有好感。他们看似缺乏温柔，但实际上也有温柔的一面。他们的思想从一定程度上来说还是相对保守和传统的，他们也很在乎自己在他人面前的表现。

喜欢剃光头的人，多是努力在营造一种能够让人产生误解的想法，这样很容易给人一种神秘感，让人猜不透他们心里在想些什么。

头发和胡须连在一起，且又浓又粗，这类男性给人的第一感觉往往是剽悍、强壮。一般来讲，这些认识都是不会错的。除此之外，他们还显得比较鲁莽，性格豪放不羁，有侠义心肠，喜欢多管闲事，好打抱不平，多不拘于小节。

头发淡疏，粗硬而卷曲，这类男性思维比较敏捷，而且善于思考，并有很好的口才，能够很容易地说服别人。他们的性格弹性比较大，可以说得上是能屈能伸，适应性很好。但他们的屈和伸，又是在坚守一定的原则基础之上进行的。所以，无论外在的东西怎样不断变化，其内在还有一些稳定不变的东西。

头发浓密柔软，自然下垂，这类男性大多性格比较内向，话语不多，善于思考。从某种程度上说，他们具有很强的耐性和韧性，所从事的事业多是和艺术方面有关的。

头发自然向内卷曲，如烫过一样，这类男性脾气大多比较暴躁，而且疑心比较重，总是患得患失地在犹豫和矛盾中挣扎。除此之外，嫉妒心还很重。

发根弯曲，发梢平直，这类男性自我意识比较强，厌恶被人约束和限制，不会轻易地向他人妥协。

让自然来决定自己的发型，并且长时间地保持，这类男性多总是怨天尤人，却从来不从自身寻找原因，更不会付诸行动去寻求改变。他们很多时候容易向别人妥协，所以很多行动并不是真正地发自内心。

头发长长的、直直的，看起来显得非常飘逸和流畅，这类男性的性格大多界于传统与现代之间。他们既固守传统，又大胆前卫，只是根据情况而变化。他们通常有很强的自信心，对成功的渴望很迫切。

头发很短，这样看起来很简洁，而且也极为方便，这类男性大多有勃勃的野心，他们的生活总是被各种各样的事情占据着。他们在内心很想把这些事情做好，但实际上却往往什么也做不好，因为他们缺少必要的责任心，在遭遇困难，面对挫折的时候，往往是选择逃避。但他们的准备工作往往做得很细致。

热衷于波浪型烫发的男性，说明他们对流行时尚是比较敏感的，他们大多很在乎自己外在的形象，并且知道怎样才能使自己的外在形象达到最佳的效果。他们比较现实，在绝大多数时候，能够根据客观实际来协调和改变自己。他们能够把握自己的命运，对任何一件事情，都会积极主导着自己的生活，使之符合自己的要求。

喜欢蓬松及前端梳得很高的发型，这类男性比较保守，而且还有点固执或者说是执着。他们一旦喜欢上了一件东西，或是认准了某一件事物，在绝大多数情况下，不会轻易地改变自己的想法及观念。

故意把发型弄得很怪，这类男性表现欲望很强烈，他们希望自己能够吸引更多的目光。他们通常不考虑他人的心情和感受，有什么话就说什么话。他们对任何一件事情都有独特的见解和认识，并且会始终坚持自己的立场。他们很有一股魄力，敢于同权势对抗，不屈不挠。虽然这些人的行为有时让人难以接受，但却有不少人尊敬他们。

发型是个人性格和爱情观的外在表现之一，但并不能依此断定对方的性格。我们总结这些大致的规律，只是为了给大家更好地识人提供一定的参考。当然，一个人试图通过改变发型来改变自己的本性是徒劳无功的，反倒不如保持自己喜爱的发型，控制自己性格里的弱点，使自己总处于心情愉快的境界。

头发是人体不可或缺的组成部分，保持一个得体的发型更是必不可少的。所以，发型也是了解一个人内心特质的重要线索。

知人知面要知心

了解人，是至关重要又异常困难的。

历史上，很多朝代因君主用错了人而由兴转衰！齐桓公不听管仲劝阻，待管仲死后，重用了奸臣，自己却被架空，悔之晚矣。死后蛆虫爬出屋，人们才知道一代霸主亡故已久。齐桓公只看到了奸臣们为他自施宫刑、烹子作羹、不奔父丧、百般承欢、万般殷勤的表面，没察觉到他们包藏的祸心。“春秋五霸”的霸主齐桓公英明盖世，尚且犯了没看准人的大错，可见知人之不易！

连料事如神的诸葛亮都感叹：“夫知人之性，莫难察焉！”何以知人这么难？就像人们说的，一种米饲百种人，人生境遇千差万别，造就千差万别众生相。用诸葛亮的话说就是：“美恶既殊，情貌不一。有温良而为诈者，有外恭而内欺者，有外勇而内怯者，有尽力而不忠者。”如此这般，知人哪能不难？

作为领导，你总是无时无刻地承受着来自各方面的威胁。这些绝大多数都是隐性的，都是你很难体察到的，而且多数来自于你的同僚。许多同僚对你的态度很和蔼，有说有笑，你甚至把他们当成了自己最亲近的人，把自己的所有情况，包括欢乐与悲伤、喜好和憎恶，都毫无保留地告诉他们。但是，这些人往往并不会对你报以真心，反而会透彻明晰地了解你，而后洞悉你的弱点并把它作为打垮你的利器，从而把作为他们的潜在威胁的你清除掉，这才是他们的目的。所有的一切都是一个圈套。直到你被他们打得落花流水，地位全无，一直沉浸在畅想之中的你才会如梦初醒。无论是在政界，还是在商界，明里拉帮结派、互帮互助，暗地里却互相拆台、使绊的现象此起彼伏。如果你想成为一个成功的领导者，那么你就要有能力洞察别人是不是对你明里赔笑，暗里动刀。要记住，这个世界并不总是充满着温馨怡人的亲情和友情，还有许多时间和场合里充满着虚伪和欺骗。不要将自己的底细轻易地向人兜售出去，那样会被居心不良的人当成击败你的利器。围绕在你周围的很多人，都表现得对你非常友善，肝胆相照，并且信誓旦旦地要和你合作，共同创造一片新天地。面对这种情况，你也许会无所适从，因为你无法确定哪一个是真的，哪一个是假的。但是，如果你真正地观察体验，真假还是很容易鉴别出来的。归结古今中外识人用人的经验和教训，具有下列心态的有才者，应当得到重用：

第一，对工作尽心尽力的人。领导者工作上的高效率，是以部属工作的尽心尽力为基础的。离开了这个基础，任何天才都不可能成功。当然，看其部属是否尽心尽力也是有尺度的。经验证明：凡尽心尽力的部属，工作上首先都会有一个切实可行的计划和实施计划的具体方案；知道应该让上司在什么时候、在什么问题上出面支持自己，而不是事无巨细地陷上司于事务圈子；提交到上司面前的困难，不但进行了中肯的分析，而且还有克服困难的可供选择的实施方案；敢于在上司即将出现失误的时候，据理力争，做事有股不达目的誓不罢休的狠劲；不随大流，更不做那些花里胡哨的表面文章；当个人利益和集体利益发生冲突的时候，会无条件地去服从集体的利益……这种人是螺丝钉，拧在哪里就会在哪里发挥作用；是老黄牛，只知奉献，不讲索取；是大海岸上的岩石，能经受住巨浪的袭击；是高山上岩缝中的松树，能够经得起风吹雨打。总之，他们是成功不可缺少的一支重要力量。

第二，具备积极心态的人。有一个小男孩，因为是三代单传，父亲对他非常娇惯。十来岁了，头的后边仍扎着小发辫。好奇的同辈总是拿这个“小发辫”取乐，摸摸拽拽，出其不意地向他袭击。与其说是拿他取乐，还不如说是在羞辱他。甚至还有人用小石块之类的东西打他，有时甚至会将其头部打起血包。小对手开始是一两个，接着是三四个，后来竟发展到八九个，弄得“小发辫”很伤脑筋，但也毫无办法，只好逆来顺受。在一次放学回家的路上，“小发辫”又一次遭到了七个小对手的袭击。“小发辫”不像以前那样见到此景拔腿就跑，而是站立不动。待第一个挑衅者到达他跟前时，他鼓足勇气，上去就是一拳，将对手打翻在地。其余六个见势不妙，便一个个溜走了。从此，再没有人取乐、羞辱他了。他站起来了！“小发辫”由被动变为主动，是他的心理状态由消极转向积极的直接结果。由此可以看出，对于一个人来说，具备一个积极的心理状态是多么重要！人如果有一个积极的心理状态，遇到同事进步，就会觉得自己又多了一个学习的榜样；遇到同事失误，就会产生同情、自责和帮助的心理；面对平凡的工作，也能产生极大的乐趣，觉得天地广阔，大有作为，如此等等。这种人脚下的路往往是宽敞的，办事的成功率是很高的。同时，这种人的人缘关系也是很好的，同其上司也最能保持一致。

第三，有宽广胸怀的人。一般来说，凡是心胸宽广的人，与家人相处，则家人和睦，老少欢乐；与同事相处，则能将心比心，友好如兄弟；与下属相处，则爱人之心厚之，上下一致；与上司相处，则善于理解上司的苦衷，能够忍辱负重。一句话，人际关系可以保持最佳状态。这种人不会被“好话”所迷，也不会被“坏话”所怒，能够始终保持一个清醒的头脑。这种人自身新陈代谢的节拍能与大自然的运行规律相吻合，很少会被疾病所困扰，能保持一个健康的体魄。甚至可以这样说，宽广的胸怀是万福之源。辨别一个人的胸怀是否宽广，内容很广泛，主要是看他是否具有嫉妒心，是否斤斤计较个人得失，是否经常地误会别人。一个人如果和别人相处时，很能理解别人，能常为别人着想，也能抱吃亏态度，那就可断定这个人的胸怀是宽广的。否则，就是狭隘的。

第四，具有适度自尊心的人。自尊心人皆有之，但在不同的个人身上所表现出来的“度”则各不相同。过弱则表现为自卑，老是觉得不如别人，这也办不到，那也不可能，消极悲观，事无所成；过强则表现为高傲，总觉得高人一等，缺乏自知之明。这种人的虚荣心、权力欲极强，固执己见、争强好胜是其重要的特点。实际上，他们是大事办不来，小事不愿做，人际关系也不能得到很好的处理，到一处乱一处，是不受欢迎的人。自尊心过弱但内含着谦虚，只是谦虚过了头，成了自卑。同样，过强的自尊心也内含着自信，只是自信过了头，成了高傲。适度的自尊心，表现出谦虚和自信的有机结合，是对上述二者的扬弃。有才的部属，加上有个适度的自尊心，他们干起事来必定是左右逢源，如虎添翼，成功自然是意料之中的事。

第五，不搞阴谋活动的人。阴谋活动之所以冠以“阴”字，就在于它明暗不一、表里不一、现象和本质不一。一般来说，搞阴谋活动的人对自己所要表现出来的行为都是考虑再三的，并且是经过伪装的。尽管搞阴谋的人狡猾，但也不是不能将其识别的。就因为他们有几个“不一”，况且他们的活动还是在一定的人群中进行的，这就给人们提供了识别他们的条件。搞阴谋的人之所以要去搞阴谋，是因为他们对他们个人或小团体利益有着较强的追求欲望。可以说，自由主义、个人主义的发展与膨胀是阴谋活动的根源。搞自由主义、个人主义，一旦目的达不到，就有可能产生搞阴谋的动机。开始可能是搞些小阴谋、偶尔搞阴谋，继而是大阴谋、经常搞阴谋。阴谋败露，他们就可能会跳将出来，搞公开对抗。所以，他们是埋在团体中或领导者身边的定时炸弹，一旦发作，就会造成很大的危害。身处领导岗位的人，对此应保持高度的警惕才是，绝不能重用那些搞阴谋活动的人。

知人知面要知心，这是识人学上的一个基本定律。只有在不仅知人知面而且知心的情况下，才能决定是否起用或重用其人。

观一叶知树之死生，观一面知人之病否，观一言知识知是非，观一事知心之斜正。虽然画龙画虎难画骨，但却可知人知面知心。

领带泄露男人的心理信息

西服，自从诞生之日起，就成为男人服饰中的佼佼者，而且这个地位一直延续到今天也没有动摇。但是，有一件辅助饰物却让男人大伤脑筋，那就是领带的打法和色彩的搭配。领带的作用类似于女士的丝巾的作用，但男人的行事原则和人品秉性却可完完全全地展现在领带打法与颜色搭配上。若仔细观察周围的男人，便不难透过领带发现他们的蛛丝马迹。

第一，领带结又小又紧的人。如果有这种喜好的男人身材瘦小干枯，则说明他们是有意通过这种小而紧的领带结，让自己在他人匆忙的一瞥时显得“高大”一些。如果他们并无体形之忧，则说明是在暗示他人最好别惹他们，他们不会容忍别人对自己有半点的轻视和怠慢。这是气量狭小的表现。由于生活和工作中谨言慎行，疑心甚重，他们养成了孤僻的性格。他们凡事大多先想自己，热衷于物质享受，对金钱很吝啬，一毛不拔。结果，几乎没有什么人愿意和他们交朋友。他们也乐于一个人守着自己的阵地，孤军奋战。

第二，领带结不大不小的人。先不考虑领带的色彩和样式，也不管长相和体形如何，男人配上这种领带结，大多会容光焕发，精神抖擞，充满活力。他们可以获得心理上的鼓舞，会在交往过程中注重自己的言谈举止。所以，不管本性如何，都显得彬彬有礼，不轻举妄动。由于认识到领带的作用，他们在打领带结的时候常常一丝不苟，把领带打得恰到好处，给人以美感。他们安分守己，把大部分的精力放到工作中，勤奋上进。

第三，领带结既大又松的人。领带的作用是使男人更加温文尔雅，但打这种领带结的男人所展现的翩翩风度决不是矫揉造作出来的，而是货真价实，是他们丰富的感情所展露出的风采。他们崇尚自由，不喜欢拘束，能够积极拓展自己的生活空间，主动与他人交往，练就高超的交往艺术，在社交场合深得女人的欢心和青睐。

第四，领带绿色、衬衫黄色的人。绿色象征生命和活力，是点缀大自然的最美妙的色彩；黄色代表收获和金钱，是财富与权势的象征。这样搭配领带和衬衫的男人富有青春活力与朝气，想什么就做什么，不喜欢拖泥带水，对事业充满信心。不过，有时鲁莽冲动，自控能力较差。

第五，领带深蓝色、衬衫白色的人。“蓝领”代表职工阶层，“白领”代表管理阶层。他们将两者融合到一起，上下兼顾，同时不乏风度翩翩。这类人充满正义感，待人真诚而谨慎。由于视野宽阔，白领的诱惑远远超过蓝领，所以，他们对工作特别专注，事业心极重。结果，在奋斗过程中常常出现急功近利的表现。

第六，领带多色、衬衫浅蓝色的人。五彩缤纷是人们对美好事物的形容，充满了迷离和诱惑，普通人和勤奋的人往往对此敬而远之。所以，选择这种领带和衬衫的人拥有一股市井脾气，热衷于名利。在感情方面，路边的野花美丽耀眼，常常使他们心猿意马，见异思迁。他们对爱情往往不能专心致志，追逐的目标总是换了一个又一个。

第七，领带黑色、衬衫白色的人。黑白分明是对阅历丰富之人的形容，所以喜欢这种打扮的人多为稳健老成之士。由于看得多，感悟也多，他们懂得什么是人生的追求。善于明辨是非，相信“善有善报、恶有恶报”，正义在他们身上得上得到了最大的展现。

第八，领带黑色、衬衫灰色的人。不用看他们的表情如何，仅这身打扮就让人有种不舒服的感觉。这类人往往内心很忧郁，而这份忧郁是气量狭小所致。他们选择这身打扮，正是为了掩饰这个缺点。在工作中，老板考虑到其他员工的情绪，常常请他们卷铺盖回家。所以，他们经常变换工作。

第九，领带红色、衬衫白色的人。红色象征火焰，代表奔放的热情，更是一种积极和主动的表现。所以，男人选择红色领带，无异于想追逐太阳的光辉，以使自己成为关注的焦点。他们本应属于充满野心的类型，但白色代表纯洁，是和平与祥和的象征。白色衬衫让别人对他们刮目相看，见到他们如火一样的热情和纯洁的心灵。无论是在生活上还是在工作上，他们都积极主动，有着昂扬的斗志。

第十，领带黄色、衬衫绿色的人。用辛勤的耕耘换取丰硕的收获，按照理想设计生活和人生，并勇于实施，他们流露出的是诗人或艺术家的气质。他们相信付出就会有回报，所以不会杞人忧天地担心秋后因为意外的暴风雨而颗粒无收。他们与世无争，保持柔顺的性情，对人非常和蔼可亲。

第十一，喜欢名牌领带的人。这种情况分两种。一种人喜欢佩带名牌标志很显眼、让别人一眼就看出是名牌的领带。这种人很自卑，爱慕虚荣，自我表现欲强烈。他们的手表、皮带等随身物品大多也是名牌。另一种人也喜欢用名牌领带，但纯粹是为了自身舒适，而不是为了让人看。这样的人品位独特，色彩感觉准确，能够很好地搭配着装。即使是像衬衣、袜子这一类藏在里面的东西，也毫不马虎。

第十二，不喜欢打领带的人。一般比较喜欢粗糙的风格。这样的男性活力四射，精力充沛。喜欢领导别人，支配欲强，但往往用人不得法。还有一种人，因为职业的限制而不得不打领带，但打心眼里不喜欢打领带。这说明他们对自己现在所处的环境极度不满，有跳槽的意图。

第十三，不会系领带的人。连系领带这种小事都要人代劳的人，大多心胸豁达而不拘小节。他们或是有某种常人没有的绝技在身，或是先天具有领袖才能，使他们不屑将精力消耗在系领带这样的细节问题上。他们性情随合，有同情心，朋友甚多，口碑亦好，且夫妻情笃、家庭和睦。

领带不只是男性的服装礼仪，也可透露他的个性。

识破色相行骗者

很多女骗子在大行其道，万变不离其宗，就是色相。这类女人靠自己的嘴和身材，大搞感情投入，目的是收获金钱，出租自己，发包自己。

女骗子通常先把自己表现得多么凄惨，生活多么紧迫，心里多么空虚。目的是让人有怜香惜玉的同情心，触动你心，让你为她而悲喜。不知不觉，你就上当了。接下来，就是骗你的情感或金钱。有的女骗子以身相许，糊弄想利用的人的情感，目的和野心在私下膨胀，计划在悄悄进行中。

还有一种女骗子只用情感，属于玩弄情感的骗术。这样虽说少有人上当，却也屡试不败。

女骗子诱人上钩，通常有如下三步：

第一步，相识阶段，精心包装，巧设圈套。为了能成功见面，托你帮她办事，也许是很小的事，但放长线钓大鱼，成功见面才是第一步。仅通过网络、电话、短信，勾引力肯定不够。现在的美女骗子或非美女骗子，喜欢夸大自己的背景，说自己出身高干家庭，父母、爷爷、亲戚如何如何，为自己营造良好背景，包括夸大自己的学历背景。毕竟，没有人会查这些。偶尔拿出身份证、驾照，营造信任。说自己工作稳定，在大型公司上班，月薪几万，家中多套住房，下个月准备买车。

第二步，相持阶段，不断编故事。通过“故事”来告诉你自己曾经多么傻、多么痴，从大学开始都是自己挣钱养活自己，虽然出身高干，但自食其力。还告诉你，为了一个 8 年的男朋友，多年和家里闹翻，而且这个男人后来几年一直在国外。8 年中，她一直在等他，连别的男人的手都没有拉过，她一直在等他。后来，负心男与别人结婚，她孤独了 N 年，每天上班、下班，早早回家睡觉，直到遇见你，你是他第二个男朋友。让你觉得，她遇见你之前的历史都是清白的。等获得了男人的信任之后，她则想尽方法去商店买东西。每天都有理由，比如说，要给领导买化妆品等借口，咱们再逛一下吧。

然后拉着你的手，结果必然是她选好东西，男方掏钱刷卡。

第三步，分开阶段，万事必有原因。因为纸是包不住火的，所以为了达到目的，一定要在最快的速度内和你建立某种关系，比如情人、恋人、未婚女友，甚至分手后依然要和你做好朋友、死党，以诈取最大的利益。分开，必然是你的利用价值降低。对于她们来说，骗钱、骗色、骗感情，只要有的骗，便不会放弃宿主。

网络情感欺骗更是多如牛毛。她们开始以某一件事情为借口，有了话题就有了谈的机会。在这个过程中，她会竭力地奉承你、迎合你，让你感觉她有多么真诚、多么善良，使尽浑身解数让你对她有初步的好感。等过了一段时间，她开始牵动你的心。当你心灵有驿动的时候，她趁机表白心境，把自己编造好的凄楚境地和遭遇说给你听，目的是让你同情她。当你的同情心萌生的时候，她会趁机表白，只有依靠你才能幸福、才能快乐。于是，她表示自己愿意和你白头到老，一生一世相爱到永远，仿佛罗密欧和朱丽叶般的爱情再度降临人间。

美女经济被她们运用得非常精道，她们根本就不考虑脸面和道德。轻易以身相许的女骗子更为害人，她使被自己套牢的人近乎疯狂。伪善、虚荣、卑鄙、阴险、贪婪、毒辣是女骗子的本性，悲悯、凄楚、善良、心理空虚、以身相许是她们的伎俩，骗取信任、骗取金钱是女骗子的目的。因此，男人交女朋友一定要慎重，不要被虚有的外表欺骗，要看清楚事实的真相是什么。

看透小人的嘴脸，不与其为伍；看透骗子的谎言，不上当受骗。

从走姿看性格

英国心理学家莫里斯经过研究，发现一个有趣的现象："人体中越是远离大脑的部位，其可信度越大。"离大脑中枢最近而最不诚实。我们与别人相处，总是最注意他们的脸。所以，人们都在借一颦一笑撒谎。可是，脚和远离大脑的腿，绝大多数人都顾不上这个部位。其实，它比脸、手诚实得多。

第一，走路两脚呈内八字。走路两脚呈内八字的人，内心比较脆弱，渴望关怀和被保护，追求完美却缺乏信心。做事多以自我为中心，对别人的观点看法全然不理会。他们习惯随遇而安，对陌生的环境和情况总是充满恐惧和抵触情绪。他们不追求事业的成功，觉得通往成功的奋斗路是无聊而烦躁的。相对而言，更乐于追求山山水水的那份清静自然。所以，即使有事业摆在他们面前，他们也可能把机会让给他人，宁愿分享他人成功的喜悦，也不愿意自己去创造成功的喜悦。

第二，步伐急促。这类男人是典型的行动主义者，大多精力充沛、精明能干，敢于面对现实生活中的各种挑战，适应能力特别强。尤其是凡事讲求效率，从不拖泥带水。

第三，步伐平缓。这类男人走路时总是一副慢腾腾的样子，别人无论说得如何着急，他都不在乎似的。这是典型的现实主义派。他们凡事讲求稳重，"三思而后行"，绝不好高骛远。如果他们在事业上得到提拔和重视的话，也许并不是他们有什么"后台"，而是他们那种务实的精神给自己创造的条件。

第四，落地有声。这类男人双足落地的时候发出清晰的响声，行进快捷，昂首挺胸，一副精神焕发的样子。他们志向远大，积极进取，精心设计和打造自己的未来和生活，期望一天比一天过得更好。同时，他们也很理智，做事有条不紊，规规矩矩，注重感情，热烈似火，可以选为情人或伴侣。

第五，身体向前倾。有的男人走路时，身体向前倾斜甚至像猫着腰。这类人的性格大多较温柔和内向，见到漂亮的女性时多半要脸红。但他们为人谦虚，一般都有良好的自身修养。他们从不花言巧语，非常珍惜自己的友谊和感情，只是平常不苟言笑。较之其他类型的人来说，他们总是受害最多，而且不愿向人倾诉，一个人生闷气。

第六，罗圈腿式步态。迈着这种内八字式走路的人，显得滑稽可笑。他们永远是一副憨实厚道的样子。但这种人在厚道的外表下，并不显得沉静。他们只留意生活中的细节，事事喜欢按部就班地进行。如果有突发事件发生，就会大乱阵脚，而显得手足无措。这类人的形象注定了他们不会标新立异，他们情愿跟着潮流走。当别人把一定的权力交给他们，而使其成众人注目的焦点时，他们就会感到浑身不自在而烦躁不堪，因为他们只追求平淡的生活。尽管这类人在财富方面并不是金钱至上的人，但在用钱方面却相当慎重。购买任何东西之前，都要反复思考一番。或许有人会认为他们是吝啬鬼，但他们依然我行我素，不会因为别人评论而改变自己的一贯作风。这类人的憨厚形象决定了他们是能照顾别人的好人。他们会在别人遇到困境时，拿出他们珍藏很久的东西与别人共享。与他们打交道的人都会觉得他们是容易相处的人，因为这种人在别人眼里并不是斤斤计较的人，他们的原则是得过且过。

第七，躬身俯首。这种人给人最大的印象就是自信心不足，缺乏一定的胆识与气魄，没有冒险精神。谦虚谨慎，不喜欢华而不实的言辞，给人一种彬彬有礼的感觉。与人交往过程中，不过多地表达自己的感情。虽然沉默冷淡，似乎对什么都没有兴趣或热情，但实际上他们特别重视友谊。一旦找到了知己，就会全力以赴，甚至不惜为对方两肋插刀。

第八，踱着方步。迈着这种步态的男人是非常稳重的，他们认为面对任何困难时，最重要的是保持清醒的头脑，不希望被任何带有感情色彩的东西左右自己的判断力和分析力。这类男人有时也觉得累，为了保持自己的尊严，他们很难在人前笑口常开，这是他们的准则。虽然别人敬畏他们，可在一人独处时却感到压抑。这种人涉世极深，了解人情冷暖。

第九，碎步急促。这类人终生无依无靠，生活也不好，总是艰难不顺，经常身心交瘁，奔波不歇。

第十，走路的时候昂首挺胸，双手背在身手。这类人在性格上往往唯我独尊，骄横霸道，领导欲和占有欲很强。习惯于这种动作的人，往往地位很高，有权有势，政府要员、高级军官、学校校长、公司董事长等“大人物”才具有这种步态。如果并无地位却有此步态，那么往往是内心虚弱、强撑门面的表现。

第十一，走路头几乎不动，笔直地往前走去。这类人关心自己超过关心别人，很少注意目的地之外的人和事。这类人是内向型的人，主观意识很强，处理问题很少有弹性。他们如果去当会计、出纳，要在他们那里开后门是不容易的。他们被称为直线型的人。

从“走姿”观察人，观察一个人怎样走路，并从走姿中透视其内心，你肯定会觉得妙趣横生。

不同的笑声展现不同的心灵风景

笑是我们经常会有的行为。它虽只有声音而没有语言，但通过笑的方式，我们可以读出“声音”背后的诸多“语言”。

第一，偷笑。这是很低的笑声，也不长，有时别人未必听得到。喜欢偷笑的人，常常会先于别人看到一件事情有趣的一面。这种人人缘好，容易相处。

第二，鼻笑。这是从鼻子里哼出来的，通常是为了要忍住笑。忍笑的人怕羞，不想让他人注意。这类人谦虚体贴，喜欢按本本办事，很重视他人的感觉，同时也会受到他人的喜欢。

第三，断断续续的笑。这样的笑声让人听起来很不舒服，这类人大多比较冷淡和漠然。他们比较现实和实际，自己不会轻易地付出什么。他们的观察力在很多时候是相当敏锐的，能观察到他人心里在想些什么，然后投其所好，待机行事。

第四，普通的笑。这一类笑很平常，不特别，不会太大声，显示这个人喜欢群众。很努力但不争功，很有耐性，是个心地好而可靠的人。

第五，轻蔑的笑。笑时鼻子向天，神情轻蔑，往往是别人在笑，他不笑，或只略笑几声。这类人看不起每一个人，这其实是自卑感在作怪，要把他人压低而抬高自己。

第六，捧腹大笑。这类人多心胸开阔，当别人取得成就后，他们有的只是真心祝愿，而很少产生嫉妒心理。在别人犯错后，他们也会给予最大限度的宽容和谅解。他们比较有幽默感，总是能够让周围人感受到他们所带来的快乐。同时，他们还极富有爱心和同情心，在自己能力许可的范围之内，对他人会给予适当的帮助。他们不势利眼、嫌贫爱富、欺软怕硬，比较正直。

第七，看到别人笑，自己就会随之笑起来。这类人多是乐观而又开朗的，情绪化比较强。

第八，紧张的笑。笑时慌张，忽然停止，看看别人继续笑便也笑。这也是自卑的表现，缺乏自信心，笑也怕笑得不对。

第九，用手遮笑。这类人性格内向，比较腼腆，很温柔。疑心非常重，对任何事物都持怀疑态度，不轻易向别人吐露自己内心的真实想法，甚至亲朋好友也不例外。所以，这类人心理压力非常大，常常胡思乱想。在工作中，他们常常注意力不集中，容易被那些鸡毛蒜皮的小事扰乱心智。

第十，开怀大笑，笑声非常爽朗的人。这类人多是坦率、真诚而又热情的。他们是行动主义者，一件事情决定要做，马上就会付诸行动，非常果断和迅速，绝对不会拖泥带水。这类人虽然表面上看起来很坚强，但他们的内心在一定程度上却是极其脆弱的。

第十一，平时看起来沉默寡言，而且显得有些木讷，但笑起来却一发不可收拾。这类人是最适合做朋友的。他们虽然在与陌生人的交往中显得不够热情和亲切，甚至是有些让人难以接近，可一旦与人真正的交往，他们通常都是十分看重友情的，并且在一定的时候，能够为朋友做出牺牲。基于这一点，有很多人乐于与这类人交往，他们自身也会营造出比较和谐的社会人际关系。

第十二，“哈哈哈”的笑声。从腹腔发出笑声的人，是所谓的“豪杰型”。一般人很难发出这样的笑声。这是身体状况极佳才有的笑声，平常若这样发笑必是体力充沛者。不过，这种笑声带有威压感，会震慑他人，因而使人心生警戒。女性若是这种发笑，一般是属于领导型人。

第十三，“呵呵呵”的笑声。自觉没有信心或强制压抑不快的情绪时，没有完全发笑的笑声。有时可能以这种笑声掩饰内心的牢骚，心浮气躁或身体疲倦时也会有这样的发笑法。

第十四，“嘿嘿嘿”的笑声。对他人带有批评或轻蔑的心态时，这种笑声已成习惯者另当别论。但一般人发出这种笑声，即可断定商谈无法成功。而当事者通常内心有不安和烦恼，带有攻击性，希望借此压抑对方以获得快感。

第十五，“嘻嘻嘻”的笑声。少女型的笑声。好奇心强，凡事都想试一试，非常渴望博得周围异性的好感。这种心态随时表现在脸上，情绪有高有低，愉快与郁闷时的落差极大。

总之，无论是哪一种笑，它的背后都有极高的含金量。在人际关系中，由笑的不同方式而识别一个人的个性，是最省事、最直接的方法。

在生活中，笑是一个人感情的流露，笑是一个人的生活感悟，笑是一个人的魅力所在，笑是一种无声的表白，笑表现了人的性格的某一侧面。

气色关系人生命运

如果说面部象征并体现着人的大命，那么气色则象征并体现着人的小运。大命是先天生成的，但仍应该与后天遭遇保持均衡，小运也应该一直保持顺利。所以，如果光辉不能焕发出来，即使是珍珠和宝玉，也和碎砖烂瓦没什么两样；如果色彩不能呈现出来，即使是绫罗和锦绣，也和粗布糙葛没有什么区别。大命能够决定一个人一生的祸福，小运也可以决定一个人几个月的吉凶。大运者，是与生俱来，不会轻易变化的；小运者，是临时而发，随时而变，或明或暗，变动不居的。因此，“气色”对人之命运有非常重要的影响。

元朝初年，有一个叫李国用的人，能够望气相人，当时被传为神人。有一天，南宁谢皇后的孙子谢退乐预备了早餐，请李国用一同进食。李国用来到之后，便大摇大摆坐在中间最显赫的位置。席间，达官贵人们纷纷请求李国用预言吉凶。但李国用却看着他们，不发一言。此时，刚好有一下级官吏从外面走来，大家都认出是赵孟。此人面上生满风疮，一副倒霉样子。但是，令人惊奇的是，李国用一见赵孟，便从座上站起来，起身迎了上去。他告诉座中客人说：“我从北方过长江之后，相人无数，只有这人的福分最大。等他面上的风疮好了之后，便会有帝王召见。他将来必定官至一品，名闻四海。”后来，赵孟果真成了元朝忽必烈皇帝手下极其有名的大臣，官至翰林学士承旨，名声显赫。

这个故事的真实性已无从考实。但从一个人的气质判断其前途，也是有一定道理的。

《冰鉴》说：“面以青为贵，紫次之，白斯下。”意思是说，春天是万物生长、活力显现的时候，“青色”也就是指像春天一样活泼有力，象征着生命茁壮成长的青春气色。因为春天有青草、有绿树的特征，因而谓之“青色”。这种气色，富有生机，却也不失庄重端庄，是活泼而能持久恒定的物质，不会时断时续。既然活力永驻，人自然能集中精神去谋取功名利禄，自然会“贵显”。“紫色”，比青色有不足，因此也可言“贵”，但难以“大贵”。“白色”，则又次之。《冰鉴》说“白色如枯骨傅粉”，这当然不是健康、活力的颜色，就像苍白中隐着一种秋后的枯黄，灰暗惨淡如枯枝败叶，显然是气血亏损之兆。这种气色，如何能“贵”呢？就像一个瘦弱骨枯的人，怎么能挑重担呢？

传统相学认为，地域上分为南方和北方，因此南方人和北方人也不一样。南方人神态高雅，说话时鼻音很重；北方人神态浑厚，说话声音干脆。淮河流域的人神态凝重，说话时声音不响亮；陕西人神态深沉，而说话时缺少音韵美。

老年人脸色不适宜娇嫩，少年人脸色不适宜枯干。一个人心性聪明遇到阻滞，就好像在水中划船遇到了大风。而一个人如果在心性阻滞当中一下醒悟过来，就好像拨开乌云见到明亮的月亮一样。

脸上的各个部位如果呈现黄色，而印堂、准头五岳呈现灰暗的色彩，那这个人一定是处于做事不顺利的时候。脸色发青，表明身体有病；脸色发白，表明心里烦恼忧愁；脸色发红，表明要由于说话而惹祸；脸色发黑，表明官位会失去，而且会有死亡，好运中出现坏运。脸上各部位有灰暗的颜色，但印堂、准头有黄色，眼睛发亮，脸色光泽，那么他的运气有好转迹象，会有喜事出现，因祸得福。

总之，一个人如果有一分精神，就会有一分幸福和财产。看一个人一天的神情颜色，就可以知道他这一天是凶是吉。但如果没有超人的智慧，那是不能够领悟到精深的道理的。

入门休问荣枯事，观看容颜便得知。

从洗澡习惯看人

下班回到家或准备睡觉前，许多人都习惯洗一个澡，以此来放松身心。而不同的洗澡方式也能暴露他人内心的秘密。所以，通过洗澡，也可以看出一个人、操纵一个人。

第一，喜欢饭后洗澡的人。通常习惯在吃晚饭之后才洗的人，是属于做事比较慢条斯理型的领导型人。而这类人不会情绪化，对事物的喜恶不易表现出来。

第二，饭前洗澡的人。习惯在吃晚饭前洗澡的人则是属于较具领导能力的速战速决型人，通常他们比较不爱泡澡，因为他们认为这样太浪费时间了。此外，他们更喜欢按部就班地将所有规划的事情做好，而不愿意拖拖拉拉。否则，后面的事情都得延后，进而无法按时完成。

第三，习惯在看完电视后才洗澡的人。这类人属于享受型。他们很重视满足自己的欲望，比较不会事先规划做事的程序。尽管他们目标会定得很高，甚至几近完美而难以达到的境界，但他们做事的态度还是非常脚踏实地，而不至于好高骛远。

第四，习惯在上床睡觉之前才洗澡的人。他们习惯将自己打点清理干净之后，带着一身香喷喷的皂味再舒舒服服地钻进被窝，属于审美型。通常这类人喜欢追求温柔又美丽的一段感情，他们的感情故事也相当具有浪漫色彩。他们比较喜欢独来独往，在生活方面也不拘泥于形式，对美的事物有相当大的渴望。

第五，喜欢早上起床之后才洗澡的人。这类人属于经济型的人，他们会习惯在洗完澡之后才出门上班。通常这类人是属于比较精明的，他们对于数字很有观念，对于理财更是有一套。做一件事之前会先评估许久，等计划周详，对一切已经做好万全的准备之后，才会开始行动。但是，这类人要避免过于看重金钱和财产。要不然，久而久之，你在他人心目中会被认为是一个见钱眼开的人。

第六，习惯跟家人排顺序洗澡的人。习惯跟家人排顺序洗澡的人属于社会型的人，他们具有很好的协调沟通能力，能接受别人的意见与看法，会站在别人的立场考虑问题，相当合群。

第七，喜欢热水淋浴的人。这类人性格大多比较外向，喜爱热闹，热衷于鲜艳的色彩和热烈的事物，如“热烈”的罗曼史和“辛辣”的食物。但他们容易感情用事，以至于给自己造成或大或小的伤害。他们为人热情亲切，不拘小节，具有一定的胸怀和度量，能够给予他人一定的关心和帮助。不过，他们思考能力稍差，在各方面都比较散漫，难以给人留下好印象，会失去很多机会，影响事业的发展。

第八，喜欢冷水淋浴的人。与喜欢热水淋浴的人相反，这类人性格中的理性成分要多于感性。他们具有比较强的逻辑思辨能力，而且总是能够保持合理的情绪，不让外界刺激影响自己的判断力，很少表现出烦恼或沮丧等情绪。他们处世中庸，一般不会做出偏激的事情。在事业上，他们大多拥有一技之长，是专业人士。

第九，喜欢淋浴加按摩的人。这类人善于享受生活，绝对不会轻而易举地满足现状，总是不断地追求新的、更高的目标。多样化是他们的生活情趣，所有的新鲜事物都会被他们注意到，然后用来丰富他们的生活。他们反对传统，乐于向未知领域进行探索和挑战。他们的叛逆性很强，经常会做出一些他人无法理解的事情。这类人往往对于性爱很有兴趣，喜欢在淋浴按摩中寻找感觉。如果处理不当，可能会走人误区。

第十，喜欢泡泡浴的人。这类人非常关注自己的身体，很在乎自己的感官享受。他们无时无刻不在放纵自己，最后往往要付出沉重的代价。他们很可能是典型的及时行乐主义者，只关注现在，不考虑将来。他们非常重视自己的外在形象，愿意在这上面花费惊人的时间、精力和金钱，甚至宁愿忍受身体的疼痛也在所不惜。他们会长时间地泡在美容院，仔细地修指甲、修脸、做按摩，还会做美容手术消除鱼尾纹、双下巴或凸出的小腹。

第十一，喜爱热水池浴的人。如果一个人喜欢赤裸裸地与一群人一块儿洗澡，那么他往往是个随意的自然主义者。这类人性格坦率而又真诚，特别讨厌矫揉造作的人，崇尚自然本性的流露，有很多朋友。这类人具有叛逆精神，不屑于遵从一般的社会常规或旧式的道德规范。自我意识强，希望自己能够引起他人的注意。

第十二，喜欢海绵浴的人。这类人比较少见，他们洗澡时不是泡在水里或者站在喷头下面，而是用海绵蘸水擦洗身体，好像怕水一样。根据心理学家分析，对水的恐惧，反映的是无意识中对回到母亲子宫里的恐惧，因为在水和母亲的子宫中，同样都有全身被浸泡的无助感。这种怕水的人，在他们内心深处，总是弥漫着强烈的无助感，而且缺乏安全意识，所以活得特别紧张和劳累。

第十三，喜欢蒸汽浴的人。蒸汽浴可以让人放松，喜爱这种洗浴方式的人，大多是工作十分疲劳的事业型。这种人往往具有一定的内涵，在为人处世方面比较沉稳，能够由内向外观察问题，抓住本质，解决问题。如果他们具有足够的自信，往往会取得一定的成功。

识人难，识人性更难！人性犹如一潭深不可测的深渊，尔虞我诈之人随处可见。如果你没有一套“看透人性”的过硬本领，你将会处处碰壁，甚至屡遭不利。

闻言谈而识人心

一个人的言谈在很大程度上，能体现一个人的内心世界。言谈的内容和方式往往是一个人的品性和才智的表现。作为一个懂“操纵”的人，在识人方面，一定要在这方面下点功夫！

明洪武初年，浙江嘉定安亭有一个名为万二的人。他是元朝的遗民，在安亭郡堪称首富。一次，有人自京城办事归来，万二问他在京城的见闻。这人说：“皇帝最近作了一首诗。诗是这样的：‘百僚未起朕先起，百僚已睡朕未睡。不如江南富足翁，日高丈五犹披被。’”万二一听，叹口气道：“唉，迹象已经有了！”他马上将家产托付给仆人掌管，自己买了一艘船，载着妻子，向江湖泛游而去。两年不到，江南大族富户都分别被收缴了财产，门庭破落，唯有万二逃之于外。

这说明，分析判断人的言语，是洞察人的心理奥秘的有效方法。从一定的意义上说，言语是一种现象，人的欲望、需求、目的是本质。现象是表现本质的，本质总要通过现象表现出来。言语作为人的欲望需求和目的表现，有的是直接明显的，有的是间接隐晦的，甚至是完全相反的。对于那些直接表达内心动向的语言来说，每个人都能理解。正常的、普通的人际交往，就是以这种语言为媒介进行的。那些含蓄隐晦甚至以完全相反的方式表现心理动向的言语，就不是每个人均能理解的，人与人的差别，大多也就发生在这里。这是创造性思维的用武之地。若能够知一反三、触类旁通，反过来想想，倒过来看看，增加点参照物，减少些虚假的东西等，最后透过言谈话语，发现人的深层动机，那就说明，你比别人聪明得多。而这种知人的方法，也就是言语判断法。

通过人们发出的不同声音，说出的不同话语，来透视一个人的内心，是很有道理的。声音可细分为声与音两个方面，既可由声来识人，又可由音来识人，但在实际运用中，通常都是用两者结合来识别人的心思的。

人的声音，如同人的心性气质一样，各不相同。通过人的声音而判断人的心性气质，这样一来，人的聪慧愚笨、贤能奸邪就可以判断出来了！成年人固然可以通过声音判断人的道德品行，即使婴儿小孩，精血虽未充实完备，但是其才气性情的美好丑恶，也很容易被有识之士看破。

石勒是古代羯族的民族英雄。在他 14 岁的时候，随着同乡经商到洛阳，曾经依着东门长啸，王衍恰好从此处经过，当时从他的啸声中感到这个孩子不同一般，他对手下人说："刚才那个胡雏，我听到他的啸声，观其相貌，是个心怀异志的人，将来恐怕会成为天下的祸患。"当即派人去追，可石勒已逃走了。

所以，有识之士能够从一个人的内心焕发出来的声音中，分辨其修养和性格。

《后汉书·祢衡传》记载，祢衡为渔阳百姓击鼓免过时，步履缓慢，容貌神态都不大一样，声音高昂激越，悲壮感人，听到的人无不慷慨感叹，悲愤不已。《晋书·王敦传》记载，晋元帝曾经召见时贤一起谈论声伎艺文之事，每个人都有自己的见解，众说纷纭。只有王敦坐在那儿，一言不发，好像与自己没有关系，但气色十分难堪，说自己只知道击鼓作乐，于是挽袖振袍，挥槌击鼓，鼓声和谐激昂，而王敦本人更是神气自得，旁若无人一般。当时，举座时贤之辈均为王敦的雄迈豪爽的风度倾倒而赞叹不已。这两件事，通过击鼓表现人的心性气质是十分明显的。这也足以证明，通过乐器的调弄演奏也可以观察人的善恶智愚、清浊正邪。

言谈识人，功夫还在言谈之外。丰富的生活经验告诉人们，言谈识人，不可凭一时之冲动，要从整体出发，予以全面考察。尤其要注意以下几点：

第一，众人观察。下判断时，一定不能只凭个人一隅之见，而要听群众意见。之后，还要"察之"，要看其是否果真如此，勿为不负责任的"闲言碎语"或"恶意中伤"所离间。

第二，全面观察。评价人才要"公听并观"，从各方面进行观察，德才资全面衡量；观其主旨，不求微功细过。

第三，责求实效。根据实绩判断能力的强弱，才是正确的知人之法。

一个人心中的意思，往往从嘴上流露出来。懂"操纵"了解别人的人，需要用心去体察。这是因为，通常人们往往把自己的真实情感深深地隐藏起来，要想了解一个人，必须注意了解他话语中蕴含的意思，还要注意观察他同意或赞赏什么样的观点。注意了解他的话语中蕴含的意思，也就是要听懂他的话语中包含的究竟是善意还是恶意；注意他同意或赞赏什么样的观点，也就是要看他心中对各种观点持何种评价标准。因此，既要弄懂他话语中包含的意思，又要观察他同意或赞赏何种观点。这样一来，把两个方面对照起来看，就可以对他有了另外的认识。

从一个人的言谈，可以识别他的思想、性格等方面的优劣。

第八篇

销售操纵术：明晰顾客心理活动，引导顾客轻松成交

“成功的销售员一定是一个伟大的心理学家。”这是因为，销售的结果其实就是销售员与客户心灵碰撞与交锋的结果。客户购买的不仅仅是产品，更是你的人和你的心！销售操控的目的就是摸透客户的心理，赢得客户的信任，打开客户的心扉，激发客户的购买欲望。可以说，销售就是一场操纵术，谁能掌控客户的内心，谁就能成为销售的最终赢家！

心理定价，赢得顾客的心

销售是以商品和服务为基础而开展的活动，而衡量商品和服务最不可或缺的或者说最重要的一个因素就是价格。一直以来，商品的价格是消费者在商品的性能与品质之外考虑最多的方面，它是买卖双方对同一商品的价值衡量尺度。当然，这也往往是销售中最容易形成分歧的环节所在。

为商品制定价格是销售中一个貌似简单却蕴含着很多玄机的环节，很多时候，往往就是由于定价战术的合理应用，使消费者的心理在价格因素的潜移默化的影响下，产生了微妙的变化。

所以，在形形色色的价格策略应用中，销售者应该结合消费者的心理定价，并根据销售进程的变化巧妙地对价格进行调整。这样的价格策略可称之为“心理定价突破法”，是价格策略组合中比较常用而且杀伤力较强的一种方法。

消费者商品价格的心理定位，是企业经营者必须要突破的障碍。经营者应将消费者的心理价位与现实价位的距离尽量拉大，以形成强大的销售价格势能，然后通过配套建设、品牌推广等举措保证其释放的安全性，便能形成巨大的销售推动力。

心理定价的标准就是让顾客感觉到物有所值，最好是物超所值。价格定位包含着顾客感觉的东西，而不是简单市场平衡的结果，更不是根据自己主观的、固定的、单一的加价率所决定的。应该针对不同的顾客心理采用不同的价格定位，主要有以下六种形式：

第一，整数定价策略。价格不仅是商品的价值符号，也是商品质量的“指示器”。采用合零凑整的方法，制定整数价格。如将价格定为10元，而不是9.9元。这样使价格上升到较高一级档次，借以满足消费者的高消费心理。顾客会感到消费这种商品与其地位、身份、家庭等协调一致，从而迅速做出购买决定。对价格较高的商品，如高档商品、耐用品或消费者不太理解的商品，可以采用整数定价策略，以迎合消费者“一分钱一分货”“便宜无好货，好货不便宜”的心理。商品的形象会因为没有琐碎的几元几角几分而显得越发高贵，而消费者在购买这种商品时，也容易产生高层次消费的心理满足感。

第二，非整数价格策略。在消费心理学中，非整数价格是一种典型的心理定价策略。这个策略是根据消费者对商品价格的感知差异所造成的错觉而刺激购买。消费专家反复调查发现，凡以整数定价的商品，如 1000 元、500 元、100 元，不易受到某些顾客欢迎。他们认为，卖家很可能把零头进位为整数，买这种商品肯定多付了冤枉钱。非整数价格策略最通用的一种方法是在尾数上下功夫，保留价格尾数，采用零头标价。如 9.98 元，而不是 10 元。这种定价方法一方面给人以便宜感，另一方面又因标价精确给人以信赖感。消费者会认为该价格是经过精心核算的，是对顾客负责的表现，因而产生信任感。另外，在顾客心理上，9.8 元只是几元钱，比整数 10 元要少许多。一般日用消费品等价格较低的商品都采取这种策略。

第三，声望定价。针对消费者的求名心理，对在消费者心目中享有声望、具有信誉的产品制定较高价格。针对消费者有声望的企业、商店或牌号的商品，可以把价格制定得比市场中同类产品高一些，但消费者还是可以接受的。质量不易鉴别的商品，如首饰、化妆品、饮食等，最适宜采用此法。消费者往往以价格判断质量，高价与性能优良、独具特色的名牌产品配合，更易显示产品特色，增强产品吸引力，产生扩大销路的积极效果。如金利来领带，一上市就以优质、高价定位。对有质量问题的金利来领带，绝不上市销售，更不会降价处理。它给消费者传递这样的信息，即金利来领带绝不会有质量问题，低价销售的金利来绝非真正的金利来产品。这就较好地维护了金利来的形象和地位。

第四，吉利数字定价。用一些谐音吉利的数字来定价，可以满足人们买彩头、图吉利的心理需要。如将实价 1000 元的商品定价为“998”（谐音“久久发”）、“988”（谐音“久发发”）。将实价 170 元的商品定价为“168”（谐音“一路发”）。商品降价不多，销量可增长不少。

第五，习惯定价。即按照消费者心理习惯制定稳定的价格。消费者在长期的购买实践中，对某些经常购买的商品如日用品等，在心目中已形成了习惯性的价格标准，不符合其标准的价格则易引起疑虑，从而影响购买。因此，这类商品价格要力求稳定，避免价格波动带来不必要的损失。

第六，统一定价法。许多商品只有一个统一的定价，能使顾客心理满足和具有充分挑选的余地。前些年出现的“10 元店”“8 元店”曾火爆一时，近几年出现的“1 元店”“2 元店”又火了一把。统一定价较低的商品，进货力求成本低，最好收集厂家低价处理的库存积压产品，切忌销售坑人害人的假冒伪劣商品。

定价是一门艺术，灵活巧妙的定价对商品的销售大有好处。随着市场竞争的不断加剧，企业都在谈需求导向，传统的成本加利润的定价方法已很少有企业采用。厂商大多根据同行业竞争的状况和消费者的心理接受程度确定产品的价格，但这一定价方法必须建立在真正了解消费者需求的基础之上，为其提供满足需求的产品价值，并确定一个与价值基本相符的价格。只有这样，才能做到厂商与消费者的“双赢”。

现代企业的价格定位是与产品定位紧密相连的，一个好的产品不仅需要有好的质量，而且还需要有一个适当的价格定位。

好奇心理

美国杰克逊州立大学刘安彦教授说：“探索与好奇，似乎是一般人的天性。那些神秘奥妙的事物，往往是大家所熟悉关心的注目对象。”那些顾客不熟悉、不了解、不知道或与众不同的东西，往往会引起人们的注意。营销员可以利用人人皆有的好奇心来引起顾客的注意。

有一个幽默的销售员这样开始和顾客的交谈：“先生，您知道世界上最坏的东西是什么吗？我告诉您吧，是您的钱。”他的这句话让顾客十分好奇，于是不解地问道：“为什么最坏的是‘我的钱’？钱可是大大的好东西啊，不然干吗人人都往死里赚啊。”销售员笑着说：“您的钱本来可以买一台空调，让您凉爽一个夏天，可是它们就是不干。”说到这里，顾客和销售员都笑了。这种幽默又独特的开场白，让顾客更愿意听他对空调的介绍。

由此可见，好奇接近法有助于推销员激发顾客的好奇，让他更有兴趣听你说话，敲开客户的大门。

无论利用语言、动作还是其他什么方式引起客户的好奇心理，都应该用恰当的语言表达方式来阐述自己的观点。否则，顾客会认为你在向他要花招，从而失去对你的信任，就很难购买你的东西，也导致无法进一步交谈。

有这样一个例子：

李密是自动办公设备的推销员，他对自己推销的产品充满极大的信心，因为这些产品确实称得上质量上乘、价格合理。在推销中，他常常使用这样的语言：“嘿！我说，你们的办公设备已经过时了，如果使用我们的设备，一天可以节省几个小时工作。”“老兄，你为什么尽听三流公司推销员的话，他们全都是骗子，我们的产品才是真正的一流货色。”

尽管他的话符合实际情况，却使很多顾客感到不快。一些顾客反驳说：“我不信你那一套！”李密认为，这样一来等于给了他机会进一步介绍产品。于是，他就开始向顾客介绍产品的性能、特点、价格等。但他很快就不得不停下来，因为顾客已经走开了。

顾客走开的原因在于推销员那种说话方式。他完全可以这样说：“假如我有办法使您的办公效率提高三分之一，或者说可以使您原来一周的工作用五天就可以完成，那么您有兴趣吗？您想听听有关这方面的详细情况吗？”以征求意见的口气与顾客谈话，才能避免争论，才能引起顾客的好奇心理。

无论利用什么办法去引起客户的好奇心理，必须真正做到出奇制胜。在现实生活中，每个人的文化知识水平和经历不同，兴趣爱好也有所不同。在某个人看来，新奇的事物，并不一定新奇。如果推销员自以为奇，而客户却不以为奇，就会弄巧成拙，增加接近的困难。

掌握一定的心理学知识，引起顾客的好奇心理。因为好奇是人的特性，你让客户好奇了，也就给自己增加了机会。

顾客就是上帝

在客户看来，是自己创造了市场，给企业带去了利润。因此，对于企业来说，他们就是上帝。的确，没有了客户，企业也就失去了生存的土壤。

销售人员都了解这样一个现实，在客户与销售人员接触的过程中，客户往往会以“上帝”的身份自居，对销售人员、对产品表现出挑剔、苛刻的态度。作为一名合格的销售人员，一定要了解客户的这种心理。想要客户对你一掷千金，你就要先博得客户一笑，让客户享受“上帝”一样的待遇。

在美国，戴尔是第一个向制造商直接出售技术支持的公司，它把向顾客传递满意的服务与支持制度化了。这个公司以“戴尔视野”为基础，创造出一种服务能力。它认为，顾客“必须掌握质量技术，并感到愉悦，而不仅仅是满意”。事实上，这个公司在 1993 年就认识到，通过零售商，诸如沃尔玛销售个人电脑，在提供顾客服务上都会产生问题。当它把销售模式改变为以邮寄订单为基础时，它的利润就又一次开始增加了。

戴尔站在服务与顾客满意的立场进入市场，辅之以低于品牌形象的价格，同时通过许多渠道进行促销，最基本的渠道就是在个人电脑和企业出版物上做广告。不仅如此，他们为了满足大公司客户的需要，还在一些主要的市场派驻销售人员。

戴尔的销售力量根据他们各自服务市场的不同而划分为不同的销售渠道：中小企业和家庭用户、公司客户、政府、教育、医药单位。每一销售渠道都有自己的市场、顾客服务和技术支持机构。这样的组织机构确保了每一位顾客最大的满意度，同时也保证了每天从顾客处得到直接的信息反馈。而其他通过批发渠道销售产品的个人电脑制造商就缺乏这样的优势，从而也就不能迅速地对市场的变化和服务的要求做出相应的反应。

戴尔整个的产品线通过电话进行销售，每个电话销售代表每年往往需要回答8000多个打进来的电话。除了回答顾客主动打进来的电话外，许多基地的销售人员还为同样从事销售活动的其他地区的团队成员提供咨询和支持。

销售订单一天内多次传递给制造工厂，而且所有的软件系统都是为最大限度地满足消费者的需要而根据顾客的特殊要求量身定做的。

1991年后，戴尔在美国、英国、德国和法国开展的“顾客满意度”民意测验中一直名列前茅。戴尔的企业文化以业绩为导向并强调顾客满意。现在，有70%以上的戴尔客户已成为重复购买者，而且一如既往地关注顾客的满意度。这正是戴尔能够在强手如林、竞争激烈的个人计算机市场上站稳脚跟，并且快速成长的关键因素。

以顾客为中心其实就是从一切角度为顾客提供最大、最有价值的服务，知顾客之所需、供顾客之所求。营销人员只有不遗余力地去兑现对顾客的承诺，才能维护企业的形象。

以顾客为中心的服务模式是由斯蒂文·阿布里奇建立的“服务三角形”。他强调企业服务策略、服务系统和服务人员都要以顾客为中心，形成“服务三角形”。

“服务三角形”的每一个部分都相互关联，每一个部分都不可缺少。服务策略、服务系统和服务人员三者共存又相互独立地面对顾客这个中心，各自发挥着作用，顾客则是这个“服务三角形”的中心。

要制定出好的服务策略，首先必须明确自己企业所属行业的状况，还要学会从顾客的角度出发考虑问题。服务系统在企业的服务中占有相当重要的地位，这个系统必须保障完善和畅通。如果一旦出现问题，就要立即予以调整和改善。优秀的服务人员，可以确保企业成为以顾客为中心的企业。营销人员必须在相应的岗位上起用合适的人才，在该做什么的时候就做什么。

“服务三角形”如此重要，营销人员应该认识和了解这一“三角形”，并根据它提出工作建议，改进工作方法，使企业更好地为顾客服务。

一切以顾客为中心的服务，首先要做好无条件服务，这也是售后服务的重要一环。无条件服务是指不管在什么情况下，都要满足顾客的需要，维持与最终用户的良好关系。这是一项永无止境的工作。

许多公司不断追求高度满意，因为那些一般满意的顾客一旦发现有更好的产品，便会很容易地更换供应商，那些十分满意的顾客一般不打算更换供应商。高度满意和愉快创造了一种对品牌情绪上的共鸣，而不仅仅是一种理性偏好。正是这种共鸣创造了顾客的高度忠诚。

一个以顾客感受为中心的服务策略才能受到消费者的关注。如果营销人员能够关注每一位顾客的感受，并满足每一位顾客极个性化的需求，必将取得极大的成功。

根据不同的客户采取不同的催款术

千人千性格，万人万脾气。要想做到高效催款，就要根据不同人的性格特点制定不同的催款策略，根据不同客户的特点设计最合适的方法去催收。

为了能够更加顺利地向客户催款，我们可以将客户分成几种类型。销售人员掌握了客户的这几种类型，便可以提早制订适当的催款方案，以实现顺利催款的目的。

第一，合作型客户。

总的来说，对这类欠款人的策略思想可以用4个字来概括，即“互惠互利”。这是由合作型欠款人本身的特点所决定的。他们最突出的特点是合作意识强，与他们交易能给双方带来皆大欢喜的满足。

一是假设条件。假设条件策略就是清债过程中向欠款人提出一些条件，以探知对方的态度。之所以为假设条件，就是因为这仅仅是想要弄清对方的意向。条件最终可能成立，但在没有弄清对方的意向之前，它仅仅是一种协商的手段。假设条件策略比较灵活，使用得当可以使索款在轻松的气氛中进行，有利于双方在互利互惠的基础上达成还款协议。

二是私下接触。即债权企业的清债人员或销售人员有意识地利用空闲时间，主动与欠款人一起聊天、娱乐的行为，其目的是增进了解、联络感情、建立友谊，从侧面促进清债的顺利进行。

第二，虚荣型客户。

爱慕虚荣之人的特点是显而易见的，他们的自我意识比较强，喜欢表现自己，并且对别人的评价非常敏感。面对这种性格的欠款人，一方面要满足其虚荣心，另一方面要善于利用其特点作为跳板。

一是选择合适的话题。一般而言，与这类欠款人交谈的话题应当选择他熟悉的事或物，这样效果较好。一方面，可以为对方提供自我表现的机会。另一方面，还可能了解对手的爱好和有关资料。但要注意到虚荣型欠款人的种种表现可能有虚假性，切勿上当。

二是顾全对方面子。爱慕虚荣的人当然非常在意自己的面子，否则也不会是爱慕虚荣的人了。催款人应当顾全对方的面子。索款可事先从侧面提出，在人多或公共场合尽可能不提，这样可以满足其虚荣心。激烈的人身攻击多半会令这种人恼羞成怒，应尽量避免。要多替对方设想，顾全他的面子，并且让对方知道你从某方面维护了他的名誉。当然，如果欠款人躲债、赖债，则可利用其要面子的特点，与其针锋相对而不顾情面。

三是有效制约。爱慕虚荣的人的最大缺点就是浮夸。因此，催款人应有戒心，不要被对方的夸夸其谈唬住。为了免受浮夸之害，在清债谈话中，清欠者应该对虚荣型欠款人的承诺做记录，最好要求他本人以企业的名义用书面形式表示。对达成的还款协议等意向应及时立字为据，要特别明确违约条款，预防他以种种借口否认。

第三，强硬型客户。

从性格特点来说，这类人往往态度傲慢、蛮横无理。面对这类欠款人，寄希望于对方的恩赐是枉费心机。要想取得较好的清债效果，需以策略为向导。总体指导思想是，避其锋芒，设法改变其认识以达到尽量保护自己利益的目的。具体策略则有以下几种：

一是沉默。这种应对策略讲究对欠款人心理及情绪的把握。它对态度强硬的欠款人是一种有力的清债手段。上乘的沉默策略会使对方受到心理打击，造成心理恐慌，不知所措，甚至乱了方寸，从而达到削弱对方力量的目的。沉默策略要注意审时度势、灵活运用。如果运用不当，效果会适得其反。如一直沉默不语，欠款人会认为你是慑服于他的恐吓，反而增添其拖欠的信心。

二是软硬兼施。这种策略是清债中常见的策略，而且在多数情况下能够奏效，因为它利用了人们避免冲突的心理弱点。如何运用此项策略呢？首先，将清债班子分成两部分：其中一部分成员扮演强硬型角色即黑脸，黑脸在清债的初始阶段起主导作用；另一部分成员扮演温和型角色即白脸，白脸在清债某一阶段的结尾扮演主角。在与欠款人接触过一段时间并了解其心态后，由担任强硬型角色的清债人员毫不保留地、果断地提出还款要求，并坚持不放，必要时甚至可以用威胁手段或者依据情势，表现出爆发式的情绪行为。此时，承担温和型角色的清债人员则保持沉默，观察欠款人的反应，寻找解决问题的办法。等到气氛十分紧张时，由温和型角色出面缓和局面，一方面劝阻自己的伙伴，另一方面也平静而明确地指出，这种局面的形成与欠款人也有关系，最后建议双方做出让步，促成还款协议或只要求欠款人立即还清欠款，放弃利息、索款费用等要求。当然，这里还需注意，在清债实践中，充当强硬型角色的人在耍威风时应紧扣“无理拖欠”的事实，切忌无中生有，胡搅蛮缠。此外，两个角色的配合要默契。

第四，阴谋型客户。

这类欠款人首先就违背了互相信任、互相协作的经济往来基础。他们常常为了满足自身的利益与欲望，利用诡计或借口拖欠债务。对付这类欠款人，策略永远是最重要的，可以采用反车轮战术。

所谓车轮战术，即欠款人抱着让催款人筋疲力尽、疲于应付以迫使催款人做出让步的目的，不断更换洽谈人员来应对催款人的方法。对这种欠款人，催款人需要从以下几个方面加以遏制：

一是及时揭穿欠款人的诡计，敦促其停止车轮战术的运用。

二是对其更换的工作人员置之不理，可听其陈述而不做表述，挫其锐气。

三是对原经办人施加压力，采用各种手段使其不得安宁，以促其主动还款，不妨试用先例的力量影响他、动摇他。例如，催款人企业向其出示其他欠款人早已成为事实的还款协议或法院执行完毕的判决书、调解书等。

第五，感情型客户。

从某种意义上说，感情型欠款人比强硬型欠款人更难对付。而在国内企业中，这类型的欠款人又是最常见的。可以说，强硬型欠款人容易引起催款人的警惕，而感情型欠款人则容易被人忽视，因为感情型性格的人在谈话中十分随和，能迎合对方的兴趣，在不知不觉中把人说服。

为了有效地对付感情型欠款人，必须利用他们的特点及弱点制定策略。感情型欠款人的一般特点是对人友善、富有同情心，专注于单一的具体工作，不适应冲突的氛围，对进攻和粗暴的态度一般是回避。针对以上特点，可采用下面几种策略：

一是以弱胜强。在与感情型欠款人进行清债协商时，柔弱往往胜于刚强，所以应当采用以弱胜强的策略。催款人要训练自己，培养一种谦虚的习惯，多说：“我们企业很困难，请你支持。”“我们面临停产的可能。”“拖欠货款时间太长了，请你考虑解决。”“能不能照顾我们厂一些。”以此争取动摇感情型欠款人的心理，为达成协议提供机会。

二是恭维。从感情型欠款人的自身特点来说，他们较其他类型的欠款人更注重人缘，更希望得到催款人的承认、受到外界的认可，同时也希望债权方了解自身企业的困难。因此，说一些让对方产生认同感的赞美话，对于感情型欠款人非常奏效。比如，债权企业的清债人员可以说：“现在，各企业资金都很困难，你们厂能搞得这么好，全在于你们这些领导。”“你们这个行业垮掉不少企业了，你们还能挺过来，很不错。”

三是采取有礼有节的进攻态度。与感情型欠款人协商债务清偿时，催款人应当在协商一开始就创造一种公事公办的气氛，不与对方打得火热，在感情方面保持适当的距离。与此同时，可就对方的还款意见提出反问，以引起争论，如“拖欠这么长时间，利息谁承担”等，这样就会使对方感到紧张。注意不要激怒对方，因为欠款人情绪不稳定，就会主动回击。一旦他们撕破脸面，催款人很难再指望通过商谈取得结果。

到期付款，理所当然。害怕催款引起客户不快或失去客户，只会使客户得寸进尺，助长这种不良的习惯。其实，只要技巧运用得当，完全可以收款。

饭局销售术

当今社会，饭局无疑是拓展人脉、投资感情的最佳场所。据权威机构研究，世界上所有的谈判80%是直接或间接在饭桌上完成的。利用饭局进行人脉拓展非常有效，因为在饭桌上，人们的情绪都是放松的，不会紧张，心情也大多比较好，更容易结成深厚的友谊。

首先，饭局不论是早餐、午餐还是晚餐，只要是用餐时间，都不应讨论生意上令人不愉快的话题。靠一顿宴请来说服犹豫不决的立法人员投自己一票，历来就是美国白宫政客惯用的手法。这一顿饭可以是室外的午餐，可以是非常考究的早餐，也可以是精致的晚宴。但不管是哪一种，每当有重要的提案要投票时，毫无例外地，银质餐具便搬了出来。即使是政治捐款，也总是和吃东西联系在一起的。

其次，作为社交方式的饭局，可以向对方传达不见外的信息，代表亲近，即认同对方是自己人。要办的事先不说，先吃饭。这样一来，就没有势利感，办不成事可以喝酒，也不伤面子。

严之孝是一家公司的经理，在他做每周工作计划的时候，总是先确定他要同哪些人碰面，然后每个礼拜安排四个早餐、四个午餐和两个晚餐来跟他个人或业务目标有关的人士聚餐。他们可能是客户，也可能是朋友，或是某些有影响力的人，也有可能是潜在客户或其他人。

严之孝经常会在街上遇见想和对方一起吃饭的人。所以，严之孝在最忙的时候，一周会有四次正式的早餐、午餐和两次晚餐。严之孝一个星期无论多繁忙，仍然有10次访谈机会，在很愉悦的时间里加深顾客对他的印象。

这是极简单却非常有效的方式，毕竟，自己吃饭也需要时间。另外，在饭局上，人的情绪大多会非常好，更容易结成深厚的友谊。拜访10位客户需要花费许多时间，可是运用饭局拜访客户，在还没展开正式工作之前，就已经见了10位客户了。

大部分像这样的吃饭机会，不但可以进一步加强与客户现有的关系，甚至能得到某些很有价值的回报。试想，如果你每年有 200 次机会和一些可以为你生活带来正面效应的人一起吃饭，可以想象你在个人和事业两方面一定都会有所成长。

在中国，饭局从来就是人们不可或缺的首选交际方式。只要办事，先想到的就是有没有关系。几乎可以说，只要需要求人，便都可以饭局开场。单位的饭局，同事之间，上级请下级，下级请上级，名目繁多，数不胜数。当然，饭局的作用不只是在中国，全世界亦如此。

那么，饭局聊些什么？在正餐上来之前，人们喜欢聊些高尔夫球、天气之类的话题。吃主菜的时候，人们谈的则是美食、艺术、时事及一些无伤大雅的话题。不过，在聚会或活动上，不可太过急功近利。你的谈话一定要有弹性，不要做硬性推销。重要的不是你做了什么，而是人们对你的这种方式是否接受，最好的方式是不要谈工作。

一定要注意一点：成功的生意饭局都不会讨论生意上让人扫兴和尴尬的话题。还有一点要记住，那就是，你在席间要适当地谈你自己的情况，谈可以为对方带来什么好处，可以提供什么样的优质服务。

无论是饭局还是其他任何形式的聚会和活动，你都应该积极参加或者组织，并在这个过程中去认识更多的人，为自己搭建更多人际交往的桥梁。

饭局不是万能的，但没有饭局是万万不能的。

奇货效应

以善算制胜，关键是奇中有谋，奇中藏招。它往往能出奇制胜，收到事半功倍的效果。“奇”要先人一步，要独辟蹊径，要为人所不能，这是商人赚钱的算计智谋之一。

有一位法籍华裔女士在巴黎逛市场。她偶然发现了一种制作精美的蝴蝶型头饰，有很浓厚的东方情调，而且价钱很便宜。当时的法国正流行崇尚东方文化的思潮。这位女士当机立断，把巴黎各个首饰店中的这种头饰全买了下来。她这个举动让许多人不解。但几年后，这种头饰成了许多人求购的对象，人们到处去买也买不到，因为已全部被那位有眼光的女士买去。结果，她以高价出售这种发卡，赚了一大笔钱。

“奇货可居”是这个精明女人的算计之道。女人天生细心敏感，这就为她们的决判策划打下了良好的基础。无疑，这是超出男人的优势。如果一个人深知“精算”之道，那么，他将在商场上一枝独秀。然而，关键在于“算”，特别是在你的公司资本不雄厚，无法去竞争那些已知的稀世珍宝时，就更需要独具慧眼，在别人还没有领悟之时，便从平凡中算出珍奇。

当然，在现代商战中，大凡善于出奇制胜的企业家，都不拘泥于常规。他们能够在异常复杂的竞争中，抓住那个最关键、最本质之点，来考虑自己的行动决策。即使处于进退维谷之际，依然能发挥创造思维，从一个可能点出发，进行跳跃式或不规则的思维，冲破常规，定出奇谋妙计，生产出新奇的产品，深得消费者的喜爱，从而占领市场，走出困境。

所以，在市场竞争中，经营者要战胜对手，首先在经营思想上要有奇招。只有出奇的经营思想、出人料想之外的商品，才能满足大众的猎奇心理。

香港一家专营胶粘剂的商店为了让一种新型“强力万能胶水”广为人知，店主人用胶水把一枚面额千元的金币粘在墙壁上，并宣称：“谁能把金币掰下来，金币就归谁所有。”一时，该店门庭若市，登场一试者不乏其人。然而，许多人费了九牛二虎之力，仍然徒劳而归。有一位自诩“力拔千钧”的气功师专程赶来，结果也空手而归。于是，“强力万能胶水”的良好性能声名远播。

这种方法主要是利用客户的奇货心理来接近对方。奇货是人们普遍存在的一种行为动机，客户的许多购买决策也多受奇货心理的驱使。

竞争是产品的较量。从制订计划到售出产品，最难的是市场上的短兵相接。如何解决这个至难的问题？奇货效应就是不可不知的商道。

在销售活动中，利用人们的奇货心理，采取以“奇”标新的独特方式，引发人们的好奇感，是赢得消费者的一种销售妙招。

让客户帮你推销

大家都知道乔·吉拉德是世界著名的推销员，那你知道他成功的秘诀是什么吗？就是那套由他本人总结出来的“250”法则。那什么是“250”法则呢？其实，它的含义就是：在每一个顾客的背后，大体上都有250名亲朋好友，这些人又会有同样多的关系。因此，得罪一名客户，就等于得罪了潜在的250名顾客；相反，则会产生同样大的正效应。

这也就是说，我们不能把一个客户看成是一张单一的资源，而应该看成是一个人脉网，我们所要做的就是利用这张人脉网，去网络那些自己所需要的人际关系，让他们帮助自己实现由穷到富的转变。

戴丽萍多年来一直在她家附近的快乐超市买东西，但有一天，她发誓再也不去这家超市买任何东西了。

事情是这样的：那一天是周末，她像平常一样去超市买日用品和牛奶、饮料。但她发现，脱脂牛奶没有货，面包的包装还是那么大，她有些生气。

戴丽萍是单身，大袋的面包吃不了；她最怕发胖，只喝脱脂牛奶。而她已经不止一次地把她的要求或者说是建议告诉服务员。可是，超市的做法没有任何的改变。

然后，她找到超市的经理，把自己的建议告诉了他。不想经理却扔给她一句冷冰冰的话：“我们超市面向的是大众，不能因为你个人的要求而改变。”

戴丽萍十分生气，她发誓再不来这里买东西了。

也许这位经理只是认为失去戴丽萍一个客户没什么。可是，他却没有想到，他也将因此失去戴丽萍背后潜在的客户群。假如发生了这一件事之后，戴丽萍会找10个人来分享她不快乐的经历。假如这10个人又分别会告诉给6个人，那么这个超市失去的就是10＋106＝70。再加上这70个人每周平均来这里消费50元，那么损失就是3500元。得罪一个客户，每周就损失3500元。

这些数字就足以叫人产生警惕，但这些数字还只是保守估计而已，一位顾客事实上每星期绝不止花 50 元用于购物。所以，失去一个顾客实际上造成的损失比这些数字大得多。

如果你认为在一个客户心目中留下一个不好的印象，或者如果伤害了某个客户都无关紧要的话，那你就大错特错了，因为可能这个客户所有的朋友都不再相信你。即使你花了再多的精力去想要说服他们，即使你找了更多的理由来说明，都很难挽回这个局面。所以，不要伤害任何一个客户的感情，培养和发掘客户背后的客户，这才是最精明的做法。

除了要以真诚、谦卑的态度去对待客户外，还要学着感谢、赞美客户，并力争让自己的产品和服务超过其期望值。在特殊情况下，你可以送些小礼品给客户，以换取他们对你的好感。

小沈是一位冰箱推销员，在第一次拜访客户的时候，他并不忙着推销自己的冰箱。而是送给客户一支小型温度计，让他们把它放入正在使用的冰箱里。

等到下次拜访时，他便请冰箱的主人看一下冷藏温度是否符合标准。如果温度达不到要求，很自然地就能引出是否需要购买新冰箱的话题。

需要记住的是，你送的这些小东西不需要过于昂贵，以免造成对方的心理负担，使其敬而远之。比如，别致的打火机、精美的记事簿、可爱的烟灰缸等，都可以成为你收买人心的小礼物。

美美是推销饮水机的，她每天中午休息时间便进入各公司拜访，但她每次都会带着看似无意实则精心准备的小礼物。有时是口香糖，有时是一颗酸梅，一一分送给在场的每个人。吃完饭后，来片口香糖或一颗酸梅，精神格外清爽。

这种小礼物，是人际关系中最好的媒介，将你与准客户之间的围墙逐日清除殆尽。小小的一份礼物能产生莫大的效果。而这种方法之所以能赢得客户的好感，是因为它抓住了人们心中或多或少的占便宜心理。它可以调节客户的思想情绪并为之创造出一个主动进行合作的气氛。

这些小小的礼物不值多少钱，和那些一掷千金的饭局、一张价格不菲的门票相比，只能算是小巫见大巫。但是，正是它们的“小”体现了你的细心和爱心，让客户接受你，同时也接受你的产品。

有人把客户比作自己的“衣食父母”，是给自己发薪水的人。的确，没有客户的支持，何谈业绩？一旦抓住了客户，就会使自己的业绩产生滚雪球一样的效应。其实，我们不能把一个客户看成是一个单一的资源，而应该看成是一个人脉网，因为每个客户背后都有一张人脉网。

一名销售人员再说破嘴皮，客户也不会相信，因为他们会认为：“他这么说只是为了挣到那笔佣金而已。”而如果是客户传递给客户的商品信息，那么客户就会深信不已。

逆向思维，推销产品

产品定位是市场营销者制定企业整体销售策略的基础。企业产品及形象能否为消费者认同及喜好，在很大程度上取决于产品定位。现在，中国的企业在进行产品定位时，往往沿用传统的“产品观念”定位，即从“正面角度”出发。但市场经济发展到今天，产品差异日益减少，从正面诉求并不总是奏效，正面定位往往很难进入消费者的心中，很难占据有利地位，而反向思维却是一种不错的定位方法。

反向思维是与正向思维方法相反的一种创造性思维方法，是指人们在思考问题时，跳出常规，改变思路，从观念的正常思维角度倒转到某一角度进行定位。

齐格是一位烹调设备的推销员，他推销的现代烹调设备，每套价格395元。一次，有个城市正在举行大型的集会。齐格知道消息后，马上赶了过去，在集会场所示范着这套烹调器，并强调它能节省燃料费用。他还把烹好的食品散发给人们，请大家免费品尝。

这时，有位看客一边吃着食品，一边咂咂嘴说：“味道不错，不过，我对你说，你这设备再好，我也不会买的。400元买一套锅，真是天大的笑话！”此话一出，周围顿时响起一片哄笑声。

齐格抬眼看看说话人，这人他认识，是当地一位有名的“守财奴”。他想了想，就从身上掏出一元钱，把它撕碎扔掉，问守财奴：“你心疼不心疼？”

守财奴吃了一惊，但马上就镇定自若地说：“我不心疼，你撕的是你的钱，如果你愿意，你尽管撕吧！”

齐格笑了笑，说：“我撕的不是我的钱，而是你的钱。”

守财奴一听，惊讶不已：“这怎么是我的钱？”

齐格说：“你结婚20多年了，对吧？”

“是的，不多不少23年。”守财奴说。

齐格说："不说23年，就算20年吧。一年365天，按360天计，使用这个现代烹调设备烧煮食物，一天可节省1元，360天就能节省360元。这就是说，在过去的20年内，你没使用烹调器就浪费了7200元，不就等于白白撕掉了7200元吗？"

接着，齐格盯着守财奴的眼睛，一字一顿地说："难道今后20年，你还要继续再撕掉7200元吗？"

现代市场推销竞争是人们之间的知识智慧的较量。反向思维不是简单的逆向思维逻辑，而是由经验、敏锐的洞察力以及准确的预测而得出的一种悟性。反向思维从传统营销的枷锁中挣脱出来，不再以平面的、静止的、单一的角度看待企业与其利益相关者之间的关系，而是以立体的、互动的、多维的角度看待这一切。

财富是什么？财富不光是金钱，也不光是物质。在高度发达的现代社会，财富更是心智，财富更是力量，财富更是智慧和魄力的结晶，财富是物质和精神的高度统一！心智不仅是创造财富的源头，更是打开财富之门的金钥匙。在知识化和信息化的时代，人类的生存和竞争主要依靠的是心智。心智是知识、创意和胆略的结晶。

逆向思维不仅是一门学问，也是一门综合性的艺术。如果掌握了这门艺术，你的思维就能起到意想不到的作用。不论是推销产品，还是推销自己的意见，都需要逆向思维。

如何推销才能打动人心

营销，就是要让对方接受自己。如何才能让对方接受自己呢？你必须运用语言艺术打动对方的心。

营销人员在访问客户时，从初次见面的客套话到告辞离开时，说话都必须通情达理。这是发挥营销人员能力的重要时刻，能否说服对方，关键在于说话。

有一个肥胖顾客问书店售货员："有《如何减肥》这本书吗？"

"对不起，太太，刚刚卖完。您要同一作者写的《如何增肥》吗？"

"你拿我开玩笑。"

"绝非开玩笑，太太，只要按书内的建议反着去做不就成了。我有一位朋友，她长得比您还要胖。有一次，她来我店里买《如何减肥》。当时没有，我就把《如何增肥》这本书推荐给她。想不到，两个月后见到她时，居然瘦了10公斤。"

可想而知，这位推销员运用自己的三寸不烂之舌，完成了一项"不可能的任务"，把增肥的书卖给了一个肥姐。生活中有很多人，去逛一次商场后，往往买回来许多不必要的东西，原因就是拒绝不了推销员的舌灿莲花。由此可见，口才对推销员至关重要。

推销活动是一种充满智慧的活动。沟通已成为推销活动中打开局面的制胜法宝！推销从"嘴"开始，你若不会说，不会表达，纵有满腹经纶，想说服顾客也是十分困难的。归根结底一句话："生意是说成的。"

可以说，营销是面谈交易。在整个营销活动中，从接受顾客到解除疑虑，直至最后成交，都离不开口才。俗话说："良言一句三冬暖，恶语伤人六月寒。"可见，会不会谈话是有不同结果的。

有人说："心中有什么，话中就有什么。"如果说话只是为了表达，那显然没有认识到说话的作用和它所能包含的内容。须知，话为心声，才能"话贵情真”。

著名的专业营销员波顿在总结引人入胜的说话方式时，列举了五条说话原则：

第一，清楚地说话，精确地、清楚地发出每一个音节。为了清晰起见，应该保持平均每分钟 150 个词的语速。不要因为句尾缀接的不必要的语气词，而影响了一个良好、清楚的表达。

第二，以交谈的方式谈话。一个好的说话者会让你对自己说：这个说话者不是一位道貌岸然的人，也不是一位煽动家。相反，他（或她）是个招人喜欢、对人平等而且可以信赖的人。

第三，诚挚地谈话。每一个成功的说话者在他（或她）的声音中都有一种“火警”的特质。它蕴含的强烈诚挚会刺痛你的脊椎。在广播电台时代，播音员的声音中是否具备这种特质十分关键。比如，正是这种特质和其他因素一起，使温斯顿·丘吉尔在大不列颠广播电台的“最美妙时刻”的节目得到了广大听众的信任。

第四，热烈地谈话。为了激活你的声音，你要改变你说话的语速，变化你的音高或调整你的音量。富兰克林·D. 罗斯福的演讲好像是一辆观光巴士：在不重要的地方加速，然后在经过风景名胜的地方，放慢速度。

第五，避免“词语胡须”。不要因为“嗯……”或紧张的干咳而使自己的表达大为逊色，摒弃所有矫揉造作的个人风格或手势，因为这些只会转移他人对你说话内容的注意力。

总之，推销员如何才能在推销这种一步到位的沟通中使顾客口服心服，关键在于两个字：口才。口才是推销的工具，是面谈交易的无价之宝。拥有它，我们将无往而不胜。

在人的各种能力当中，说话能力即口才好坏最能表现一个人的才干、见识和智慧。

从众成交法

听说过这样的一个笑话吗？有一个守财奴到了天堂，发现天堂里的位置已经被守财奴们坐满。为了争到一个座位，他大喊一声道：地狱发钱了！于是，所有的守财奴全都站起来跑到地狱去了。天堂只剩下了他一个人。这个时候，他迷惑了：所有人都去地狱了，难道地狱里真的在发钱？这个守财奴也急忙跟上大家往地狱跑去！

这个故事讲了人们典型的从众心理。相信很多人也都有过这样的经历：当某个商场突然一哄而上，聚集了很多人时，很多人也会加入众多的人群中，看究竟发生了事情，甚至担心自己错过什么发财的机会。这就是人的从众心理在作怪！所以，在产品的销售中，如果你能够利用好顾客的从众心理，就会得到比别人更高的销售业绩。

从众成交法，即销售员巧妙地对顾客的从众心理加以利用，以促使顾客立即购买产品。从众心理是人类社会固有的长期存在的社会心理现象。社会规范的要求、团体生活方式压力以及人们普遍存在的相互攀比现象是激发顾客攀比心理成交法的核心所在。在介绍产品时，强调“××也买了，××用的就是这个型号”，利用客户的攀比心理可以迅速达到成交。

为什么这么说呢？

因为人是相当不可思议的动物，人们在购买某些商品时总是会想“××已经买了，效果还不错”。这其实是一种类比心态，是当自己拿不定主意，常常采用的方法，在推销时可以用这种心理。

通常这些都是要在与顾客沟通后掌握顾客心理的情况下，清楚顾客在什么情况下需要什么想什么，然后投其所好，从而达成交易。

有一位年轻的小姐正在商场的服装部转来转去。她在一件衣服前看了很久，但神色犹豫不定。此时，售货员走了过来，顺着小姐的目光看了看那件衣服，说：“这件衣服卖得挺不错的，这样款式、颜色特像韩国青春组合里的衣着，很流行。今年的很多年轻女孩都买这样的衣服。前几天，我们店里呼呼啦啦来了好多个女孩，点名要买这件衣服。您真是太有眼光了。”

小姐听后，下定决心，试着合适后，把它买了下来。人们总是有一种从众心理，往往流行的东西对人的影响很大。

从众心理是人类固有的心理现象。长期的社会规范、有形或无形的团体压力以及人类自身的成长要求，都是形成从众心理的主要原因。

像“大家”、“某某小姐”、“这附近的女孩全都……”或者“哔……”、“呼……”等意义不明的语气，效果出奇地大，因为在不知不觉中煽动起顾客的攀比心理。特别是在女性强烈的嫉妒心驱使下，会产生“别人都买了，我岂能甘落人后”的想法。

从顾客的这种反应上，可以发现“大家都买了”的方式，不仅可以撩起顾客的攀比心理，同时更可以使对方内心里产生安全感：“大家全都买了嘛！用不着担心受骗。”

在“不需要”“已经买了”等拒绝语句里面，其实是隐藏着担心受骗的顾虑——向推销员买东西，万一受骗了，岂不是太丢脸了吗？如果来一句“大家全都买了啊”，或隔壁家的王小姐也买了，如果王小姐平时很会买东西则效果更佳，就可以将对方心中的疑虑一扫而光。

从众成交法就是利用顾客的这种从众心理，通过顾客之间的影响力，给顾客施加无形的社会心理压力，进而促成交易。但是，使用这种方法时，事件应该真实，数据必须准确，切忌凭空捏造，欺骗消费者。否则，不仅不会顺利促成交易，反而会影响企业形象，从而对企业整个销售工作产生不利影响。

顾客可能不相信推销员，也可能不相信自己。但是，他们却把别人的消费作为自己消费的参照。

互惠心理

在业务过程中适当地让利给客户，是顺利成交的永恒法则之一。在销售谈判中，双方的焦点通常集中在价格与价值。顾客要求以最低的价格得到最高价值的产品，所以业务员的压力非常大。碰到这种情形时，就要学会运用双赢策略。

例如："我们想个法子，让你不需要再购买备用机器。你觉得这个办法如何？""我不能提供折扣，但你可以月底再付账，这不成问题。"让利是多方面的，譬如："如果你购买，我们将给你八折。"例如，顾客说："维修费用太高了。"业务员说："如果我们提供一年免费维修，您可以接受吗？"这个问题隐含互惠的承诺。如果顾客接受一年免费维修，等于答应成交。非常高明的方法吧？其实不一定，如果我们的承诺无法实现，问题就大了，因为这是对方的交换条件！

由此可见，为什么所有的人都说互惠原理具有压倒性的力量？无论是什么人，他只要生活在社会群体，你对他使用互惠的方式都会起作用。只不过看你使用得巧妙不巧妙，能不能让客户产生愉悦的心理。

所以说，掌握互利互惠原理会给你的销售带来很多好处：

第一，互利互惠是双方达成交易的基础。在商品交易中，买卖双方的目的是非常明确的。双方共同的利益和好处是交易的支撑点，只有在双方都感受到这种利益时，才有可能自觉地去实现交易。

第二，互利互惠能增强推销人员的工作信心。因为社会的成见，推销人员或多或少地有一种共同的心理障碍，就是对自己的工作信心不足，总是担心顾客可能对他的态度不满意，怕留给顾客唯利是图、欺骗的印象。产生这种心态的重要原因，在于他们或者没有遵循互利互惠的原则，或者没有认识到交易的互利互惠性。推销人员应该认识到，由于自己的劳动，当顾客付出金钱时，获得了一份美好的生活。从这种意义来说，推销人员是顾客生活的导师。如此有意义的工作，获得利润和报酬是理所当然的。

第三，互利互惠能形成良好的交易气氛。由于买卖双方各自的立场和利益不同，双方的对立情绪总是存在的。其实，顾客对推销人员的敌对情绪，是因为不能确知自己将会获得的利益。所以，推销人员要以稳定、乐观的情绪，耐心、细致的态度，把交易能为顾客带来的利益告知对方。

第四，互利互惠有利于业务的发展。互利互惠的交易，不但能使新顾客发展成为老顾客，长久地保持业务关系，而且顾客还会不断地以自己的影响带来新的顾客，使你的业务日益发展，事业蒸蒸日上。

互利互惠是商品交易的一项基本原则，但在具体执行中没有明确的利益分割点，双方利益的分配也并非是简单的一分为二。优秀的推销人员总能够使顾客的需求得到最大程度的满足，又能使自己获得最大的利益。因此，推销人员和顾客的利益并不是互相矛盾、互相对立的。

然而，纵然互惠互利成交法可以大批招揽顾客，短时间内打开市场销路，但应注意这种方法是建立在顾客求利心理基础之上的，长期使用必定助长顾客对优惠条件提出更进一步的要求，从而使该法的激励作用丧失。

因此，互惠互利成交法应注意两个原则：让利并不代表不赢利，只是薄利多销；让利是建立在假想成交基础上的。

每一种恩惠都有一枚倒钩，它将钩住吞食那份恩惠的嘴巴，施恩者想把他拖到哪里就拖到哪里。

操纵人心的经营谋略

“暗示”是销售方法中的一个重要形式，在具体运用时，还要仔细分为各种不同的战术。犹太人认为，最基本的战术是“暗示”。暗示的好处是暗示者不需要允诺什么，而受暗示者就会给自己做出各种“投己所好”的好处。既然是他自己的允诺，那么事后就只能怪他自己，而与暗示者没有半点关系。

商人一般都有很强的语言表达能力，不仅会说多种语言，而且还善于雄辩。这里就有一则犹太人运用语言能力说服对方的经典事例：

穷售货员费尔南多在星期五傍晚到达一座小镇。他没有钱吃饭，更没有钱住旅馆，只好到犹太教堂找管事的人，请他介绍一个能提供安息日食宿的家庭。

管事的人打开记事本，看了一下，对他说：“这个星期五，经过本镇的穷人很多，每家都安排了客人，只有开首饰店的西梅尔家例外，因为他一向不肯收留客人。”

“他会接纳我的。”费尔南多很自信地说，转身走向西梅尔家。等西梅尔一开门，费尔南多很神秘地把他拉到一旁，从大衣口袋里掏出一个砖头大小沉甸甸的小包，小声说：“砖头大小的黄金值多少钱呀？”

首饰店老板一听黄金，眼前一亮。可是，这时已经到了安息日，按犹太教规，不可以再谈生意了。但是，老板又舍不得让这宗送上门的大买卖落到别人的手中，便连忙挽留费尔南多在他家住上一宿，到明天日落后再谈生意。

所以，整个安息日，费尔南多得到了首饰店老板的盛情款待。到星期六晚上，可以做生意了，西梅尔满面堆笑地催促费尔南多把“货”拿出来看看。“我哪有什么金子？”费尔南多故作惊讶地回答道，“我不过想问一下，砖头大小的黄金值多少钱而已。”

在这则笑话中，穷人费尔南多熟练运用了“操纵人心”的技巧：他在一个不能谈生意的时候，问了一个似乎关于生意的问题；而到可以谈生意的时候，这个关于生意的问题，又成了一个非生意的问题。

由于费尔南多一直没有明确他是否在谈生意，对问题的理解完全在于首饰店老板个人，费尔南多只不过为首饰店老板的“想象”提供了若干“参照物”。例如，神秘兮兮的样子，还有那个“砖头”一样的东西，而所有这些参照物同样也是没有明确界定的。所以，最后只能怪首饰店老板赚钱心急，把别人的“随便问问”当作商业谈判的引子。

商人非常重视手中商品的质量，以此作为自己立足商场的基础。这固然不错，但他们更是推销方面的天才：在推销商品的时候，商人非常擅长“操纵人心”。也就是说，由商人的推销活动而引起顾客对该商品的注意或好感，也包括将顾客的需要与没有能力满足或不能完全满足这一需要的商品加以沟通。

用模棱两可的暗示来策动对方的商人，在经商实例中数不胜数。美国犹太实业家路易·E. 沃尔夫森“操纵人心”的做法就是一个很经典的例子。

沃尔夫森是一个移居美国的犹太商人的儿子，在20世纪50年代和60年代时，被商界誉为金融奇才。但他的实业道路却是从负债经营开始的。他首先向人借了10000美元，买下了一家废铁加工厂，然后把它办成一个赢利很高的企业。只有28岁的沃尔夫森个人资产就突破了百万美元。

1949年，沃尔夫森用210万美元的价格买下了“首都运输公司”，这是设在华盛顿的一套地面运输系统。

沃尔夫森有能力把亏损的企业办成赢利颇丰的企业，这是大家都有目共睹的。但这一次，公司还没有赢利，沃尔夫森就开始宣布，公司将要增发红利。就像这类手法本身并没有特别出奇的地方，只是沃尔夫森开始发放的红利超过公司这一段时间的赢利额。

这等于说，他用贴出公司老底的代价，制造企业高赢利的假象，借此“操纵人心”，让公众产生对该公司的过高期望，以提高公司的股价。

和沃尔夫森预料的一样，“首都运输公司”的股票在证券市场被大家一致看好，价格一路上升。趁此机会，沃尔夫森将其手中的股票全部抛出。仅此一举，赢利额竟达原来股票价值6倍之多。

沃尔夫森的实业王国当然不是完全靠“操纵人心”创建起来的，但也不能否认，“操纵人心”确实加快其公司的成长过程。

经商与行骗的真正区别，不在于是否有“误导式中介”，而在于这种“中介”有没有包含与实际不符的允诺。假如没有允诺，或者只存在于消费者想象中的允诺，这种策动人心的方法即使不符合一般的商业道德，但也不违背商业交易的规定。这是因为，现代商业靠法律来约束，而不是靠伦理来约束。这是一种不欺骗的欺骗，所以是一种操纵术。只要运用好这种经商的操纵术，每个人都有可能成为顶尖的商人。

狭路相逢“智”者胜。